"十三五"移动学习型规划教材

复变函数与积分变换

丛书主编　叶润萍　陆海霞

主　　编　徐宜会　王玉春　仓义玲

机械工业出版社

本书共8章,主要内容包括复数与复变函数、解析函数、复变函数的积分、级数、留数及其应用、保角映射、傅里叶变换、拉普拉斯变换.

本书注意与高等数学的衔接,在内容上力求将"实、复变函数打通",从方法上引导学生和高等数学进行类比. 虽然复变函数的许多概念在形式上与高等数学中几乎相同,但却有本质的深化. 本书既指出其相似之处,更强调其不同之处,注重它们之间的联系与区别.

本书可读性比较强,尽可能地简化繁琐复杂的证明,同时也保留了一些对培养学生数学思维有益的经典定理的证明,力求易讲易学;教材侧重有效性,学习者可以初步掌握利用复变函数的方法和积分变换的技巧处理一些专业课程中的理论和实际问题.

本书可作为大学本科相关专业复变函数与积分变换的教材,也可作为相关技术人员的参考书.

图书在版编目(CIP)数据

复变函数与积分变换/徐宜会,王玉春,仓义玲主编 . —北京:机械工业出版社,2018.12(2025.2重印)

"十三五"移动学习型规划教材

ISBN 978-7-111-61653-5

Ⅰ.①复… Ⅱ.①徐… ②王… ③仓… Ⅲ.①复变函数-高等学校-教材 ②积分变换-高等学校-教材 Ⅳ.①O174.5 ②O177.6

中国版本图书馆 CIP 数据核字(2018)第 302972 号

机械工业出版社(北京市百万庄大街 22 号 邮政编码 100037)

策划编辑:汤 嘉 责任编辑:汤 嘉 李 乐

责任校对:郑 婕 封面设计:张 静

责任印制:邓 博

北京盛通数码印刷有限公司印刷

2025 年 2 月第 1 版第 5 次印刷

169mm×239mm · 7.75 印张 · 153 千字

标准书号:ISBN 978-7-111-61653-5

定价:29.80 元

电话服务   网络服务

客服电话:010-88361066   机 工 官 网:www.cmpbook.com

          010-88379833   机 工 官 博:weibo.com/cmp1952

          010-68326294   金 书 网:www.golden-book.com

封底无防伪标均为盗版   机工教育服务网:www.cmpedu.com

前　言

在工科的教育体系中，数学课程是基础课程，在培养学生抽象思维能力、逻辑推理能力、空间想象能力和科学计算能力等方面起着重要的作用．复变函数与积分变换在许多领域被广泛地应用，如电力工程、通信和控制、信号分析和图像处理、语音识别与合成、医学成像与诊断、地质勘探与地震预报等方面以及其他许多数学、物理和工程技术领域．通过本课程的学习，学生不仅能学到复变函数与积分变换中的基础理论及工程技术中的常用数学方法，同时还为学习有关的专业课程和学生进一步拓宽数学知识面奠定了必要的基础．

本书是按照《工程数学教学大纲》中对复变函数与积分变换的要求，根据近年来的教改实践经验和工科部分专业课程内容改革的要求编写的．本书以解析函数的理论为基础，阐述了复数与复变函数、解析函数、复变函数的积分、级数、留数及其应用、保角映射，同时对傅里叶变换、拉普拉斯变换做了较为系统的介绍．本书深入浅出，突出基础概念和方法，在确保知识体系完整的基础上，尽量做到数学推导简单易懂，并在与工程问题密切结合等方面形成了自己的特色．书中精心编排了大量的例题和习题，以供读者进一步理解教材的内容．

在编写过程中我们力求突出以下几个特点：

（1）注重复变函数与积分变换内容发生、发展的自然过程，强调概念的产生过程所蕴含的思想方法，注重概念、定理叙述的精确性，从而在学生获得知识的同时培养学生推理、归纳、演绎和创新的能力．

（2）对基本概念的引入尽可能联系实际，突出其物理意义；基础理论的推导深入浅出、循序渐进，适合工科专业的特点；基础方法的阐述富于启发性，使学生能举一反三、融会贯通，以期达到培养学生创新能力、提高学生的基本素质的目的．

（3）例题和习题丰富，有利于学生掌握所学的内容，提高分析问题、解决问题的能力．为使复变函数理论完善，我们把保角映射作为一章编写进去，为学生展望新知识留下窗口，为进一步拓宽数学知识指出了方向．教师可根据专业需要、学生的接受能力、课时的多少有选择地进行选讲，也可供学有余力的同学自学．

本书第1~3章由徐宜会、季海波编写；第4~6章由仓义玲、王莉编写；第7、8章由王玉春、李红玲编写．本书的出版得到了机械工业出版社的大力支持，宿迁学院教务处、文理学院数学系领导及全体教师给予了很多帮助和支持，叶润萍、陆海霞教授给予了悉心指导，在此一并向他们表示衷心的感谢．

由于编者的水平有限，书中的缺点和疏漏在所难免，恳请专家、同行和广大读者批评指正．

编　者

目　　录

第1章 复数与复变函数

教学提示：复变函数是变量为复数的函数. 复变函数是分析学的一个分支. 主要对象是在某种意义下可导的复变函数，即解析函数. 为建立解析函数的理论基础，在这一章中，我们首先介绍复数的概念、性质、四则运算；其次引入复平面上点集、区域、曲线以及复变函数的极限与连续等概念. 这门学科的一切讨论都是在复数范围内进行的.

教学目标：本章主要介绍复数及其运算和几何表示、复变函数及其极限和连续. 通过本章的学习，使学生熟练掌握复数的各种表示方法及其运算，了解区域和复变函数的概念，掌握复变函数的极限和连续的概念.

1.1 复数及其运算

在初等代数中已经学过复数，为了便于以后讨论和理解，本节在过去的知识基础上，给出复数的两点式定义，在简要回顾过去相关结论的同时，加以必要的补充.

1.1.1 复数定义及运算

一元二次方程 $x^2 + 1 = 0$ 在实数范围内显然无解，由于解代数方程的需要，想象有一个新的数使得负数开平方根变得有意义，18 世纪时，数学家欧拉首先引入记号 i，并有 $i^2 = -1$，这样方程 $x^2 + 1 = 0$ 就有两个根 i 和 $-i$. 随后关于复数的研究有了迅速的发展，数学研究的领域也从实数域扩展到复数域.

定义 1.1 设 x，y 为任意实数，称形如 $x + iy$ 的数为**复数**，记为 $z = x + iy$，其中 $i^2 = -1$，i 称为虚数单位，x 称为复数 z 的**实部**，y 称为复数 z 的**虚部**，分别记作

$$x = \text{Re}(z), \quad y = \text{Im}(z).$$

当 $x = 0$ 时，$z = iy$ 为纯虚数；

当 $y = 0$ 时，$z = x$ 为实数；

当 $x = y = 0$ 时，$z = 0$ 既是纯虚数，又是实数.

对任意两个复数 $z_1 = x_1 + iy_1$，$z_2 = x_2 + iy_2$ 规定：

（1）当且仅当 $x_1 = x_2$ 且 $y_1 = y_2$ 时，称 z_1 与 z_2 相等，记作 $z_1 = z_2$.

要注意的是，两个实数可以比较大小，而两个复数不能比较大小，因而实数是有序的，复数是无序的.

2

（2）复数的运算

加减法

$$z_1 \pm z_2 = (x_1 + iy_1) \pm (x_2 + iy_2) = (x_1 \pm x_2) + i(y_1 \pm y_2),$$

乘法

$$z_1 z_2 = (x_1 + iy_1)(x_2 + iy_2) = (x_1 x_2 - y_1 y_2) + i(x_1 y_2 + x_2 y_1),$$

除法

$$\frac{z_1}{z_2} = \frac{x_1 + iy_1}{x_2 + iy_2} = \frac{(x_1 + iy_1)(x_2 - iy_2)}{(x_2 + iy_2)(x_2 - iy_2)} = \frac{x_1 x_2 + y_1 y_2}{x_2^2 + y_2^2} + i\frac{x_2 y_1 - x_1 y_2}{x_2^2 + y_2^2} \quad (z_2 \neq 0).$$

由上述规定，可以验证：加法、乘法满足交换律与结合律，乘法对加法满足分配律．由此可知，在实数域里由这些规律推得的恒等式在复数域里仍然有效．可以看到按上述规定加法与乘法运算所带来的好处．另外，还可以验证：复数集关于四则运算是封闭的，其代数结构是域．复数集用"**C**"表示，即 $\mathbf{C} = \{x + iy \mid x, y \in \mathbf{R}\}$，**R** 为实数集．

1.1.2 复数的模与共轭复数

对给定的复数 $z = x + iy$，称复数 $x - iy$ 为 z 的**共轭复数**，记作 $\bar{z} = x - iy$．称 $\sqrt{x^2 + y^2}$ 为复数 z 的模，记作 $|z| = r = \sqrt{x^2 + y^2}$．

关于复数的模与共轭复数，有下列关系：

（1）$|z_1 z_2| = |z_1| |z_2|$，$\left|\dfrac{z_1}{z_2}\right| = \dfrac{|z_1|}{|z_2|}$　（$z_2 \neq 0$）；

（2）$x \leqslant |x| \leqslant |z|$，$y \leqslant |y| \leqslant |z|$；

（3）$z\bar{z} = x^2 + y^2$；

（4）$x = \dfrac{1}{2}(z + \bar{z})$，$y = \dfrac{1}{2i}(z - \bar{z})$；

（5）$|z| = |\bar{z}|$，$|z|^2 = z\bar{z}$，$\bar{\bar{z}} = z$；

（6）$\overline{z_1 \pm z_2} = \bar{z_1} \pm \bar{z_2}$，$\overline{z_1 z_2} = \bar{z_1}\,\bar{z_2}$，$\overline{\left(\dfrac{z_1}{z_2}\right)} = \dfrac{\bar{z_1}}{\bar{z_2}}$（$z_2 \neq 0$）.

这些性质作为练习，由读者自己去证明．

【例 1.1】　设 $z = \dfrac{2+i}{i} - \dfrac{2i}{1-i}$，求 $\bar{z}$，$|z|$．

解
$$z = \frac{2+i}{i} - \frac{2i}{1-i} = \frac{(2+i)(-i)}{i(-i)} - \frac{2i(1+i)}{(1-i)(1+i)}$$
$$= -2i + 1 - i + 1 = 2 - 3i,$$

所以 $\bar{z} = 2 + 3i$，$|z| = \sqrt{2^2 + (-3)^2} = \sqrt{13}$．

1.2 复数的几何表示

1.2.1 复平面与复数的向量式

用建立了笛卡儿直角坐标系的平面来表示复数的平面称为复平面或 z 平面. 复平面赋予了复数以直观的几何意义, 复数的数对表示式也可以看作是直角坐标系中的坐标 (见图 1.1). 它建立了"数"与"点"之间的一一对应关系. 由此, 今后不去区分"数"与"点". 例如, 把复数 $1+2i$ 称为点 $1+2i$, 把点 $4+i$ 称为复数 $4+i$.

复数的几何解释使得许多关于复数的"量"有着清晰的"形"的表示. 例如, 复数 $z=x+iy$ 的模 $|z|$ 表示复平面上点 $M(x,y)$ 到原点的距离 r (见图 1.2). 这种"形"的表示对研究复变函数有重要意义.

在复平面上, 由于点 $M(x,y)$ 与向量 $\overrightarrow{OM}$ 是一一对应的, 所以复数 $z=x+iy$ 可看成一个起点在原点, 终点在点 $M(x,y)$ 的向量 (向径) (见图 1.2). 复数的向量形式是复数在复平面上的又一几何解释.

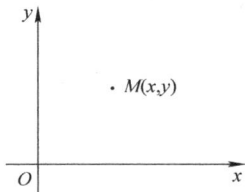

图 1.1

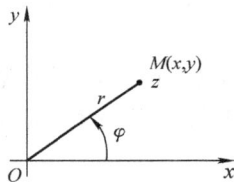

图 1.2

1.2.2 复数的三角式与指数形式

1. 复数 $z \neq 0$ 的辐角

复数 z 的辐角记作 $\mathrm{Arg}\, z$, 它是向量 $\overrightarrow{Oz}$ 与 x 轴正向之间的夹角, 其方向规定为逆时针方向为正, 顺时针方向为负.

显然, 对复数 $z=0$ 无辐角可言, 而对每一个复数 $z \neq 0$, 其辐角有无穷多个值, 若 θ_0 是复数 z 的一个辐角, 则

$$\mathrm{Arg}\, z = \theta_0 + 2k\pi \ (k \in \mathbf{Z})$$

就是复数 z 的全部辐角.

若用 $\arg z$ 表示满足条件 $-\pi < \arg z \leqslant \pi$ 的一个特定值, 则称 $\arg z$ 为复数 z 的主辐角或辐角的主值. 显然, 有

$$\mathrm{Arg}\, z = \arg z + 2k\pi \ (k \in \mathbf{Z}).$$

辐角的主值 $\arg z(z \neq 0)$ 可以由反正切 $\arctan \dfrac{y}{x}$ 按下列关系确定:

$$\arg z = \begin{cases} \arctan \dfrac{y}{x}, & \text{当 } x > 0, y \gtrless 0, \\[2mm] \pm \dfrac{\pi}{2}, & \text{当 } x = 0, y \gtrless 0, \\[2mm] \arctan \dfrac{y}{x} + \pi, & \text{当 } x < 0, y \geqslant 0, \\[2mm] \arctan \dfrac{y}{x} - \pi, & \text{当 } x < 0, y < 0, \end{cases}$$

其中 $-\dfrac{\pi}{2} < \arctan \dfrac{y}{x} < \dfrac{\pi}{2}$.

2. 复数的三角表示式

$z = x + iy$ 称为复数的代数式.

利用直角坐标与极坐标的关系式,很容易得到 $z = x + iy$ 的三角表示式,称为复数 z 的三角式

$$z = r(\cos\theta + i\sin\theta) \quad (z \neq 0, \theta \text{ 通常取 } \arg z).$$

3. 复数的指数表示式

由欧拉公式 $e^{i\theta} = \cos\theta + i\sin\theta$,则由复数的三角表示式得到

$$z = re^{i\theta},$$

称该式为复数 $z(z \neq 0)$ 的指数表示式,其中 r 是 z 的模,θ 是 z 的辐角. 利用复数的指数式做乘除法较简单,结果可得到两个等式:

$$\mathrm{Arg}(z_1 z_2) = \mathrm{Arg}\, z_1 + \mathrm{Arg}\, z_2,$$

$$\mathrm{Arg}\left(\frac{z_1}{z_2}\right) = \mathrm{Arg}\, z_1 - \mathrm{Arg}\, z_2.$$

按以下约定来理解这两个等式:

第一个等式的意思是由于辐角的多值性,这个等式是两个无限集合意义下的相等,即当在左端取定一个值 α 时,那么在右端分别可从 $\mathrm{Arg}z_1$ 中取出一个值 α_1 及从 $\mathrm{Arg}z_2$ 中取出一个值 α_2,使得 $\alpha = \alpha_1 + \alpha_2$,并且当右端分别从 $\mathrm{Arg}z_1$ 与 $\mathrm{Arg}z_2$ 中取出 α_1 与 α_2 时,那么在左端定可取出某个 α,使得 $\alpha = \alpha_1 + \alpha_2$.

第二个等式的理解与此类似. 不仅如此,今后,凡遇到含多值的等式时,都按此约定理解. 复数的各种表示法可以相互转换,以适应讨论不同问题时的需要.

【例1.2】 将复数 $z = -2 + 2\sqrt{3}i$ 化为三角表示式和指数表示式.

解 因 $r = 4$,$\arg z = \arctan\left(\dfrac{2\sqrt{3}}{-2}\right) + \pi = -\dfrac{\pi}{3} + \pi = \dfrac{2\pi}{3}$,

所以 z 的三角表示式是 $z = 2\left(\cos\dfrac{2\pi}{3} + i\sin\dfrac{2\pi}{3}\right)$,指数表示式是 $z = 2e^{\frac{2\pi}{3}i}$.

1.2.3 复数的乘幂与方根

设 z 为复数,n 为正整数,z^n 表示 n 个 z 的乘积,称为 z 的 n 次幂.

若 $z = re^{i\theta} = r(\cos\theta + i\sin\theta)$ ，则 $z^n = r^n e^{in\theta} = r^n(\cos n\theta + i\sin n\theta)$ ．

特别地，当 $r = 1$ 即 $z = \cos\theta + i\sin\theta$ 时，有

$$(\cos\theta + i\sin\theta)^n = \cos n\theta + i\sin n\theta,$$

这就是著名的棣莫弗（De Moivre）公式．

若存在复数 w 满足方程

$$w^n = z \quad (z \text{ 为已知复数}),$$

则称 w 为 z 的一个 n 次方根，称求 z 的全部 n 次方根为把复数 z 开 n 次方，或称为求 z 的 n 次根，记作 $w = \sqrt[n]{z}$．

当 $z = 0$ 时，$\sqrt[n]{0} = 0$；当 $z \neq 0$，求 $w = \sqrt[n]{z}$，令

$$z = re^{i\theta}, \quad w = \rho e^{i\varphi},$$

于是 $$\rho^n e^{in\varphi} = re^{i\theta},$$

所以 $$\rho^n = r, \quad n\varphi = \theta + 2k\pi,$$

得到 $$\rho = \sqrt[n]{r}, \quad \varphi = \frac{\theta + 2k\pi}{n} \quad (k = 0, \pm1, \pm2, \cdots)$$

所以 $$w = \sqrt[n]{z} = \sqrt[n]{r}e^{\frac{\theta + 2k\pi}{n}i}.$$

当 $k = 0, 1, 2, \cdots, n-1$ 时，得到 w 的 n 个不同的值；当 k 取其他整数值时，这些根又重复出现，因此一个复数的 n 次方根只取这 n 个不同的值，即

$$w = \sqrt[n]{z} = \sqrt[n]{r}e^{\frac{\theta + 2k\pi}{n}i} \quad (k = 0, 1, 2, \cdots, n-1).$$

从几何意义上讲，这 n 个不同的值就是以原点为中心、$\sqrt[n]{r}$ 为半径的圆的内接正 n 边形的 n 个顶点．

【例 1.3】 解方程：（1）$z^3 + 1 = 0$；（2）$\sqrt[5]{1+i}$．

解 （1）求方程 $z^3 + 1 = 0$ 的解就是求 $z = -1$ 的全部三次方根．

因 $-1 = e^{\pi i}$，所以方程的解是 $z = e^{\frac{\pi + 2k\pi}{3}i}(k = 0, 1, 2)$．

这三个根是内接于以中心为原点、半径为 1 的圆的内接正三角形的三个顶点．

（2）因 $1 + i = \sqrt{2}e^{\frac{\pi}{4}i}$，所以 $\sqrt[5]{1+i} = \sqrt[10]{2}e^{\frac{\frac{\pi}{4} + 2k\pi}{5}i}(k = 0, 1, 2, 3, 4)$．

这五个根是内接于以中心为原点、半径为 $\sqrt[10]{2}$ 的圆的内接正五边形的五个顶点．

1.2.4 无穷远点与复球面

由于某种需要，引入一个特殊的复数——无穷大，记作 ∞．

关于 ∞，没有定义其实部、虚部与辐角，但规定其模 $|\infty| = +\infty$．

有关 ∞ 参与的运算规定如下：

设 a 是异于 ∞ 的一个复数，规定

$$a \pm \infty = \infty \pm a = \infty,$$

$$a \cdot \infty = \infty \cdot a = \infty \quad (a \neq 0),$$

$$\frac{a}{\infty}=0, \quad \frac{\infty}{a}=\infty,$$

但是 $0 \cdot \infty$，$\dfrac{\infty}{\infty}$，$\infty \pm \infty$，$\dfrac{0}{0}$ 仍然没有确定的意义.

∞ 的几何解释：由于在复平面上没有一点能与 ∞ 相对应，所以只得假想在复平面上添加一个"假想点"（或"理想点"）使它与 ∞ 对应，称此"假想点"为无穷远点.

关于无穷远点，约定：在复平面添加假想点后所成的平面上，每一条直线都通过无穷远点，同时，任一半平面都不包含无穷远点.

为与复平面区别，称复平面添加无穷远点后所成平面为**扩充复平面**. 扩充复平面又称**闭平面**，复平面又称**开平面**. 有时与扩充复平面相对而言也把复平面称为**有限复平面**.

要特别注意的是：这里的记号 ∞ 是一个数，而在高等数学中所见的记号 $+\infty$ 或 $-\infty$ 均不是数，它们只是表示变量的一种变化状态. 为使无穷远点有更加令人信服的直观解释，人们引入了黎曼球面（或复球面）：

将一个球心为 O'、半径为 $\dfrac{1}{2}$ 的球按照以下方法放在直角坐标系 $Oxyz$ 中（见图 1.3）（设复平面与 xOy 坐标平面重合）：使球的一条直径与 z 轴重合，并且使球与 xOy 平面相切于原点 O. 球面上的点 O 称为南极，点 N 称为北极.

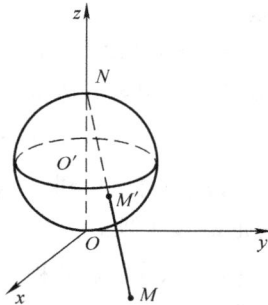

对于复平面内任一点 M，如果用一直线将点 M 与北极点 N 连接起来，那么该直线一定与球面相交于异于北极的一点 M'，反过来，对于球面上任何一个异于 N 的点 M'，用直线将 N 与 M' 连接起来，这条直线的延长线就一定与复平面相交于一点.

图　1.3

若规定点 N 为点 ∞ 在黎曼球面上的对应点，而点 ∞ 是点 N 在扩充复平面上的对应点，则扩充复平面与黎曼球面之间便建立了一一对应关系.

至此，关于复数的几何解释又可以这样来说：复数域的几何模型是复平面或挖掉点 N 的黎曼球面，复数域添加无穷大后所成集合的几何模型是扩充复平面或黎曼球面.

1.3　平面点集

本节主要是对一些常见的点与点集做出规定. 若无特殊声明，则总在复平面上讨论.

1.3.1 邻域

若 $z_1 = x_1 + iy_1$，$z_2 = x_2 + iy_2$，则点 z_1 与 z_2 间的距离 $d(z_1, z_2)$ 规定为

$$d(z_1, z_2) = \sqrt{(x_2 - x_1)^2 + (y_2 - y_1)^2},$$

显然
$$d(z_1, z_2) = |z_2 - z_1|.$$

设 z_0 为一定点，$\rho > 0$，称满足 $|z - z_0| < \rho$ 的点 z 的全体为点 z_0 的 ρ **邻域**，即以 z_0 为圆心，以 ρ 为半径的圆内的全体点所组成的集合记作 $U(z_0, \rho)$。 称 $U(z_0, \rho) - \{z_0\}$ 为 z_0 的**去心 ρ 邻域**，简称为点 z_0 的**去心邻域**。

下面利用邻域来刻画一些特殊的点与点集：

设 E 是一点集，z_0 是一定点：

若 z_0 的任意一个邻域内都含有 E 的无穷多个点，则称 z_0 为 E 的**聚点**。

若 $z_0 \in E$ 且存在某个 $U(z_0, \rho)$，使得 $U(z_0, \rho)$ 内除 z_0 外再无 E 的点，则称 z_0 为 E 的孤立点。 若 $z_0 \in E$ 且存在某个 $U(z_0, \rho)$，使得 $U(z_0, \rho) \subset E$，则称点 z_0 为 E 的内点。

若存在某个 $U(z_0, \rho)$，使得 $U(z_0, \rho)$ 内的全部点都不属于 E，则称 z_0 为 E 的外点。

若 z_0 的任意一个邻域内既有属于 E 的点，又有不属于 E 的点，则称 z_0 为 E 的**边界点**。

称由 E 的全部边界点组成的集合为 E 的边界，记作 ∂E.

若 E 的点都是 E 的内点，则称 E 为**开集**。

若 E 的全部聚点都属于 E，则称 E 为**闭集**。 若存在一个正数 M，使得 E 内的任意一点 z 都满足 $z < M$，则称 E 为**有界集**，否则称 E 为**无界集**。

1.3.2 曲线

定义 1.2 设 $x(t)$ 与 $y(t)$ 是定义在区间 $[\alpha, \beta]$ 上的实值连续函数，称由

$$z(t) = x(t) + iy(t)$$

确定的点集 C 为复平面上的**连续曲线**，$z(\alpha)$ 与 $z(\beta)$ 分别称为曲线 C 的起点与终点.

若 $z(\alpha) = z(\beta)$，则称曲线 C 为**闭曲线**。

曲线 C 的方向规定为参数 t 增加的方向。 曲线 C 的反向曲线记为 C^-。

若连续曲线 C 仅当 $t_1 = t_2$ 时，$z(t_1) = z(t_2)$，则称 C 为简单曲线或若尔当（Jordan）曲线.

当 $t_1 \neq t_2$ 而有 $z(t_1) = z(t_2)$ 时，点 $z(t_1)$，$z(t_2)$ 称为曲线 C 的重点. 没有重点的连续曲线即为简单曲线或若尔当曲线.

若连续曲线 C 是一闭曲线，且仅当 $t_1 \neq t_2$ 时，有 $z(t_1) = z(t_2)$，则称 C 是简单闭曲线或若尔当闭曲线（即简单曲线起点与终点重合）.

若 C 是简单曲线，$x'(t)$ 与 $y'(t)$ 在 $[\alpha, \beta]$ 上连续，且对 $t \in [\alpha, \beta]$，有

$$z'(t) = x'(t) + \mathrm{i}\, y'(t) \neq 0([x'(t)]^2 + [y'(t)]^2 \neq 0),$$

则称 C 为**光滑曲线**, 称由有限条光滑曲线首尾连接而成的曲线为**逐段光滑曲线**.

为方便起见, 称逐段光滑的闭曲线为围线. 关于围线的方向规定为: 逆时针方向为正向, 顺时针方向为负向.

1.3.3　区域

设 E 为点集, 若对 E 中任意两点, 总能用一条完全属于 E 的连续曲线将它们连接起来, 则称 E 是连通的. 设 E 为点集, 若它是开集, 且是连通的, 则称 E 为区域.

若点集 D 为区域, 则称 D 连同其边界 ∂D 所成的集合为闭区域, 记作 $\overline{D}$.

任意一条简单闭曲线 C 必将复平面唯一地分成 D_1, C, D_2 三个点集 (见图 1.4), 使它们满足:

（1）彼此不相交;

（2）D_1 是一个有界区域 (称为曲线 C 的内部);

（3）D_2 是一个无界区域 (称为曲线 C 的外部);

（4）C 既是 D_1 的边界又是 D_2 的边界;

（5）若简单折线 (指满足简单曲线定义的折线) Γ 的

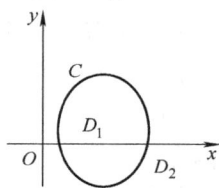

图　1.4

一个端点属于 D_1, 另一个端点属于 D_2, 则 Γ 必与 C 相交.

设 D 为区域, 若 D 中任意一条简单闭曲线的内部仍属于 D, 则称 D 为单连通区域, 不是单连通区域的区域称为复连通区域.

由定义得知, 上面的 E 是**单连通区域**, D 是**复连通区域**.

单连通区域的特征是在该区域内任一个简单闭曲线可经过连续变形而缩成一个点, 而复连通区域不具有这个特征.

1.4　复变函数

复变函数研究的主要对象是定义在复数域上的解析函数, 而解析函数是一种特殊的复变函数, 因此, 在讨论了复数集后, 还需要讨论复变函数的有关概念, 进而为研究解析函数做好准备.

1.4.1　复变函数的概念

定义 1.3　设 D 与 E 为复平面上的两个复数集, 若存在对应关系 f, 使得对于每一个 $z \in D$, 都有确定的 $w \in E$ 与之对应, 则称在 D 上确定一函数, 记作

$$w = f(z)\,(z \in D).$$

习惯上称复变数 w 是复变数 z 的函数, 简称复变函数.

若依 f 只有一个确定的 w 与 z 对应, 则称 $w = f(z)$ 为单值函数. 否则, 称 $w = f(z)$ 为多值函数. 例如, $w = z^2$, $w = z$ 为单值函数, $w = \sqrt[n]{z}$, $w = \mathrm{Arg}\, z$ 为多值函数.

今后, 若无特殊声明, 则讨论的函数均为单值函数.

与高等数学一样，在上述定义中，称集合 D 为函数的定义域，称 D 的生成集
$$f(G) = \{w \mid w = f(z), z \in D\}$$
为函数的值域，z 与 w 分别称为函数的自变量与因变量.

函数 $w = f(z)$ 又称为变换或映射. 变换或映射着重刻画点与点之间的对应关系，而函数则着重刻画数与数之间的对应关系.

设有函数 $w = f(z)(z \in D)$，D 为区域，若对 z_1，$z_2 \in D$，当 $z_1 \neq z_2$ 时，有 $f(z_1) \neq f(z_2)$，则称 $w = f(z)$ 为 D 上的单叶函数，称 D 为 $w = f(z)$ 的单叶性区域.

例如，$w = z + 1$ 是复平面上的单叶函数，复平面是该函数的单叶性区域.

设有函数 $w = f(z)(z \in D)$. 若对值域 G 中的每一个 w，都有确定的 $z \in D$ 与之对应，且使 $w = f(z)$，则称在 G 上确定一函数，记作 $z = f^{-1}(w)(w \in G)$，称为函数 $w = f(z)$ 的反函数. 显然，反函数也有单值函数与多值函数之分.

例如，$w = z + 1$ 的反函数 $z = w - 1$ 是单值函数，而 $w = z^3$ 的反函数 $w = \sqrt[3]{z}$ 是多值函数.

设有函数 $w = f(z)(z \in D)$，若存在 $M > 0$，使对任意的 $z \in D$ 都有 $f(z) < M$，则称函数 $w = f(z)$ 为 D 上的有界函数；否则，称为无界函数.

复变函数与实值函数有无联系呢？为弄清这个问题，下面来观察一个例子.

设 $w = z^2$，令
$$z = x + iy, \quad w = u + iv,$$
则有
$$u + iv = (x + iy)^2 = (x^2 - y^2) + i2xy,$$
于是有
$$u = x^2 - y^2, \quad v = 2xy.$$

由此可知，函数 $w = z^2$ 的实部与虚部均为二元实值函数.

一般而言，对于 $w = f(z)(z \in D)$，若令 $z = x + iy$，$w = u + iv$，则由对应关系 f 与复数相等的定义，易知 u 与 v 均是二元实值函数. 若设 $z = x + iy$，$w = u + iv$，则有
$$w = f(z) = u(x, y) + iv(x, y).$$

因此，研究复变函数可以转化为研究二元实值函数.

至此，可以说，复变函数与实值函数有联系. 这种联系表现为：定义了一个复变函数 $w = f(z)$，相当于定义了两个实变函数 $u = u(x, y)$，$v = v(x, y)$.

由于复变函数 $w = f(z)$ 的几何图形需在四维空间里考虑的缘故，所以不可能有实值函数 $y = f(x)$ 与 $z = f(x, y)$ 的那种直观的感觉. 为了赋予复变函数以形的解释，从变换或映射的角度来考虑. 设有函数 $w = f(z)(z \in D)$，值域 $G = f(D)$. 取两张复平面，分别称为 z 平面和 w 平面，若将定义域 D 放在 z 平面上，值域 G 放在 w 平面上，则复变函数 $w = f(z)$ 的几何意义是，将 z 平面上的集合 D 变换（映射）为 w 平面上的集合 G. 通常，称 D 为原像集，称 G 为像集. 若 $w_0 \in G$ 是由点 $z_0 \in D$ 变换（映射）来的，则称 w_0 为 z_0 的像点，z_0 为 w_0 的原像点.

【例 1.4】 设 $w = f(z) = z^2$，试问它把 z 平面上的下列曲线分别映射成 w 平面

上的什么曲线:

(1) $D = \{z \mid |z| < 2, 0 < \arg z < \dfrac{\pi}{2}\}$;   (2) $G = \{z \mid x^2 - y^2 = 4\}$.

解 (1) 设 $z = re^{i\theta}$, $w = \rho e^{i\phi}$, 代入 $w = f(z) = z^2$ 得 $\rho = r^2$, $\phi = 2\theta$.

而由 D 知道 $r = 2$, $0 < \arg z < \dfrac{\pi}{2}$, 故有 $\rho = 4$, $0 < \phi < \pi$, 即像为

$$G = \{w \mid |w| < 4, 0 < \arg w < \pi\}$$

(2) 设 $z = x + iy$, $w = u + iv$, 代入 $w = f(z) = z^2$ 得

$$u = x^2 - y^2, \quad v = 2xy.$$

而由 D 知道 $x^2 - y^2 = 4$, 故有 $u = 4$, 即像为

$$G = \{w \mid \mathrm{Re}(w) = 4\}.$$

1.4.2 复变函数的极限

定义 1.4 设函数 $w = f(z)$ 在 z_0 的某一去心邻域 $0 < |z - z_0| < \rho$ 内有定义, 若存在复数 A , 对于任意的 $\varepsilon > 0$, 总存在 $\delta > 0$, 使得当 $0 < |z - z_0| < \delta$ 时, 有

$$|f(z) - A| < \delta,$$

则称 $f(z)$ 当 z 趋于 z_0 时有极限 A , 记作

$$\lim_{z \to z_0} f(z) = A \text{ 或 } f(z) \to A (z \to z_0).$$

由定义 1.4 可见, 复变函数的极限概念与高等数学中的极限概念极为相似. 但这仅仅是问题的一个方面, 问题的另一个方面是它们之间有着本质上的差别:

在复变函数的极限概念中, $z \to z_0$ 时关于路径的要求比 $x \to x_0$ 时关于路径的要求要苛刻得多, 前者 $z \to z_0$ 要求 $z = x + iy$ 沿任意路径趋于 $z_0 = x_0 + iy_0$, 相当于 $\begin{cases} x \to x_0 \\ y \to y_0 \end{cases}$, 而后者 $x \to x_0$ 仅要求 x 在实轴上任意趋于 x_0 .

由复变函数的极限定义, 可仿照高等数学中的方法获得关于极限的四则运算法则.

定理 1.1 若函数 $f(z)$ 与 $g(z)$ 均定义在 G 上, 且 $f(z) \to A$, $g(z) \to B (z \to z_0)$, 则有:

(1) $[f(z) \pm g(z)] \to A \pm B (z \to z_0)$;

(2) $[f(z) \cdot g(z)] \to AB (z \to z_0)$;

(3) $\dfrac{f(z)}{g(z)} \to \dfrac{A}{B} (B \neq 0, z \to z_0)$.

定理 1.2 若 $f(z) = u(x, y) + iv(x, y), z \in G, z_0 = x_0 + iy_0$ 是 G 的聚点, 则 $\lim_{z \to z_0} f(z) = A$ 的充分必要条件是

$$\lim_{\substack{x \to x_0 \\ y \to y_0}} u(x, y) = \mathrm{Re}(A) \text{ 且 } \lim_{\substack{x \to x_0 \\ y \to y_0}} v(x, y) = \mathrm{Im}(A).$$

该定理告诉我们: 复变函数的极限的存在性等价于其实部和虚部两个二元实函

数极限的存在性，于是将求复变函数的极限问题转化为求两个二元实函数的极限问题.

1.4.3 复变函数的连续性

定义 1.5 设 $w = f(z)(z \in G)$，z_0 为 G 的聚点且 $z_0 \in G$，若

$$\lim_{\substack{z \to z_0 \\ (z \in G)}} f(z) = f(z_0),$$

则称 $f(z)$ 在点 z_0 连续. 若 $f(z)$ 在 G 中每一点都连续，则称 $f(z)$ 在 G 上连续.

定理 1.3 函数 $f(z) = u(x,y) + iv(x,y)$ 在点 $z_0 = x_0 + iy_0$ 连续的充分必要条件是 $u(x,y)$ 与 $v(x,y)$ 同时在点 (x_0,y_0) 连续.

与高等数学中的一元连续函数一样，由连续的定义可类似地获得以下结论：

定理 1.4 若 $f(z)$ 与 $g(z)$ 均在点 z_0 连续，则 $f(z) \pm g(z)$，$f(z) \cdot g(z)$，$\dfrac{f(z)}{g(z)}$ $(g(z_0) \neq 0)$ 在点 z_0 也连续.

定理 1.5 若函数 $h = g(z)$ 在点 z_0 连续，函数 $w = f(h)$ 在 $h_0 = g(z_0)$ 连续，那么复合函数 $w = f(g(z))$ 在点 z_0 也连续.

在有界闭区域 $\overline{D}$ 上的连续函数 $f(z)$ 在 $\overline{D}$ 上为有界函数，即存在有限正数 M，使得

$$|f(z)| \leqslant M \quad (z \in \overline{D}).$$

1.5 习题1

1. 求下列复数的实部与虚部、共轭复数、模与辐角：

(1) $\dfrac{1}{i} - \dfrac{3i}{1-i}$； (2) $\left(\dfrac{1+\sqrt{3}i}{2}\right)^5$； (3) $i^8 + 4i^{21} + i$； (4) $(1+2i)(2+\sqrt{3}i)$.

2. 设 $z_1 = \dfrac{1+i}{\sqrt{2}}$，$z_2 = \sqrt{3} - i$，试用指数式表示 $z_1 z_2$，$\dfrac{z_1}{z_2}$.

3. 求下列各式的值：

(1) $(\sqrt{3} - i)^5$；

(2) $\sqrt[6]{-1}$；

(3) $(-1+i)^{10}$.

4. 求方程 $z^4 + a^4 = 0$（a 是正实数）的根.

5. 将下列方程（t 为实参数）给出的曲线用一个实直角坐标系方程给出.

(1) $z = t(1+i)$；   (2) $z = ae^{it} + be^{-it}$；

(3) $z = t + \dfrac{i}{t}$；   (4) $z = t^2 + \dfrac{i}{t^2}$.

6. 下列各题中表示点 z 的轨迹的图形是什么？它是不是区域？

（1）$\operatorname{Re}(z+2)=-1$；　　　　　（2）$|z+2\mathrm{i}|\geqslant 1$；

（3）$|z+\mathrm{i}|=|z-\mathrm{i}|$；　　　　　（4）$\arg(z-\mathrm{i})=\dfrac{\pi}{4}$；

（5）$|z+3|+|z+1|=4$；　　　（6）$0<\arg z<\pi$；

（7）$\left|\dfrac{z-3}{z-2}\right|\geqslant 1$.

7. 在映射 $w=z^{2}$ 下，区域 $0<\arg z<\dfrac{\pi}{4}$（$|z|<1$）映射成什么样的区域？

8. 求下列函数的定义域，并判断这些函数在定义域内是否为连续函数.

（1）$w=|z|$；

（2）$w=\dfrac{z+1}{(z+2)^{2}+1}$.

9. 试证函数 $f(z)=z$ 在 Z 平面上处处连续.

10. 试证 $\arg z$（$-\pi<\arg z\leqslant\pi$ 在负实轴上，包括原点）不连续，除此而外在 Z 平面上处处连续.

11. 设函数 $f(z)$ 在点 z_{0} 处连续，且 $f(z_{0})\neq 0$，证明：存在 z_{0} 的邻域使 $f(z)\neq 0$.

第 2 章　解　析　函　数

教学提示：解析函数是复变函数研究的主要对象，许多理论问题和实际问题都需要用到解析函数的理论和方法. 这一章，首先引入判断函数可微和解析的条件——柯西 - 黎曼条件；其次，将在实数域上熟知的初等函数推广到复数域上来，并研究其性质.

教学目标：本章主要介绍复变函数的导数与解析函数的概念和性质. 通过本章的学习使学生了解复变函数的导数及复变函数解析的概念，掌握复变函数解析的充要条件，掌握判别函数解析性的方法；了解解析函数与调和函数的关系，并掌握由已知的调和函数构造解析函数的方法；记住自变量为复数的初等函数的定义以及它们的一些主要性质.

2.1　复变函数的导数

2.1.1　复变函数的导数

定义 2.1　设函数 $w = f(z)$ 定义在区域 D 内，$z_0 \in D, (z_0 + \Delta z) \in D$，若极限

$$\lim_{\Delta z \to 0} \frac{f(z_0 + \Delta z) - f(z_0)}{\Delta z}$$

存在，则称此极限为函数 $w = f(z)$ 在点 z_0 的导数，记作 $f'(z_0)$ 或 $\left. \dfrac{\mathrm{d}w}{\mathrm{d}z} \right|_{z=z_0}$，即

$$f'(z_0) = \lim_{\Delta z \to 0} \frac{f(z_0 + \Delta z) - f(z_0)}{\Delta z}. \tag{2.1}$$

此时，称函数 $w = f(z)$ 在点 z_0 可导，否则，称函数 $w = f(z)$ 在点 z_0 不可导.

要特别注意的是，虽然复变函数导数定义的形式与一元实函数导数定义形式一致，但是复变函数导数定义中要求 $\Delta z \to 0$ 时的路径是任意的，这一点要比一元实函数导数定义中的 $\Delta x \to 0$ 要严格得多.

因导数 $f'(z_0)$ 与高等数学中 $f'(x_0)$ 的定义是一样的，所以可直接获得关于 $f'(z_0)$ 的一些相应结果，如导函数的概念、导数的四则运算法则、反函数与复合函数的求导法则及求导公式等.

同高等数学一样，也可用 $f'(z) \big|_{z=z_0}$ 来记式（2.1）的左端，用 $\lim\limits_{z \to z_0} \dfrac{f(z) - f(z_0)}{z - z_0}$ 来记式（2.1）的右端.

关于"可导"与"连续"的关系也与高等数学一样. 若函数 $w = f(z)$ 在点 z_0 可导, 则 $w = f(z)$ 在点 z_0 连续. 反之, 则未必.

【例 2.1】 试证函数 $f(z) = z^n$（n 为自然数）在复平面上处处可导, 且 $f'(z) = nz^{n-1}$.

证 用定义来证明.

对于复平面上的任意一点 z, 由导数定义有

$$\lim_{\Delta z \to 0} \frac{f(z + \Delta z) - f(z)}{\Delta z} = \lim_{\Delta z \to 0} \frac{(z + \Delta z)^n - z^n}{\Delta z}$$

$$= \lim_{\Delta z \to 0} \left[nz^{n-1} + \frac{n(n-1)}{2} z^{n-2} \Delta z + \cdots + (\Delta z)^{n-1} \right]$$

$$= nz^{n-1}.$$

于是, $f(z) = z^n$ 在点 z 的导数存在且等于 nz^{n-1}. 由点 z 在复平面上的任意性, 证得 $f(z) = z^n$ 在复平面上处处可导.

【例 2.2】 讨论 $f(z) = \bar{z}$ 在复平面上的可导性.

解 因 $f(z + \Delta z) - f(z) = \overline{z + \Delta z} - \bar{z} = \overline{\Delta z}$

$$\frac{f(z + \Delta z) - f(z)}{\Delta z} = \frac{\overline{\Delta z}}{\Delta z} = \frac{\Delta x - i\Delta y}{\Delta x + i\Delta y}.$$

当 Δz 平行于虚轴的直线趋于 0（即 $\Delta x = 0$, $\Delta y \to 0$）时, 有 $\lim\limits_{\Delta z \to 0} \dfrac{f(z + \Delta z) - f(z)}{\Delta z} = \lim\limits_{\Delta y \to 0} \dfrac{-i\Delta y}{i\Delta y} = -1$, 而当 Δz 平行于实轴的直线趋于 0（即 $\Delta x \to 0$, $\Delta y = 0$）时, $\lim\limits_{\Delta z \to 0} \dfrac{f(z + \Delta z) - f(z)}{\Delta z} = \lim\limits_{\Delta x \to 0} \dfrac{\Delta x}{\Delta x} = 1$, 故极限 $\lim\limits_{\Delta z \to 0} \dfrac{f(z + \Delta z) - f(z)}{\Delta z}$ 不存在, 所以 $f(z) = \bar{z}$ 在复平面上处处不可导.

由连续的定义可看出, $f(z) = \bar{z}$ 在复平面上处处连续. 在复变函数中, 像这样在复平面上处处连续却又处处不可导的函数还有很多, 如: $f(z) = \text{Re}(z), \text{Im}(z)$, $|z|$ 等, 但在实平面上, 具有这样性质的函数却很难构造.

2.1.2 复变函数的微分

同导数一样, 复变函数的微分概念在形式上与高等数学中的微分概念也完全相同. 事实上, 若函数 $w = f(z)$ 在点 z 可导, 则有

$$\lim_{\Delta z \to 0} \frac{\Delta w}{\Delta z} = f'(z), \tag{2.2}$$

于是有

$$\frac{\Delta w}{\Delta z} = f'(z) + \eta \quad (\eta \to 0, \Delta z \to 0),$$

由此得

$$\Delta w = f'(z) \Delta z + \Delta z \eta \quad (\eta \to 0, \Delta z \to 0).$$

与高等数学一样，称 $f'(z)\Delta z$ 为函数 $w=f(z)$ 在点 z 的微分，记作
$$\mathrm{d}w=f'(z)\,\Delta z \text{ 或 } \mathrm{d}f=f'(z)\,\Delta z.$$

若 $w=f(z)=z$，则 $\mathrm{d}z=1\cdot\Delta z$，于是，函数 $w=f(z)$ 在点 z 的微分又可写成
$$\mathrm{d}w=f'(z)\mathrm{d}z \text{ 或 } \mathrm{d}f=f'(z)\mathrm{d}z.$$

由此得
$$\frac{\mathrm{d}w}{\mathrm{d}z}=\frac{\mathrm{d}f}{\mathrm{d}z}=f'(z).$$

至此，获得关于导函数的另一种解释：导函数等于函数的微分与自变量的微分之比。此解释与高等数学中关于"$f'(x)$"的解释一样。

2.2 解析函数

2.2.1 解析函数的概念

定义 2.2 如果函数 $w=f(z)$ 在点 z_0 及 z_0 的某个邻域内处处可导，则称函数 $f(z)$ 在点 z_0 解析。此时称点 z_0 为函数的解析点。

若函数 $f(z)$ 在点 z_0 不解析，则称 z_0 为函数 $f(z)$ 的奇点。

若函数 $f(z)$ 在区域 D 内每一点都解析，则称函数 $f(z)$ 在区域 D 内解析。此时，也称 $f(z)$ 为区域 D 内的解析函数，区域 D 又称为函数 $f(z)$ 的解析区域。

函数在一点解析与函数在该点可导不是一回事，在一点解析需要满足两个条件：首先是在这点可导，其次是要在该点的某一邻域内可导，所以解析比可导条件要强；而函数在一个区域内解析与该函数在这个区域内处处可导则等价。

由于"解析"是用"可导"定义的，而"可导"是一种特殊类型的极限，所以与高等数学一样，可得到解析函数的四则运算法则、复合函数求导法则及反函数求导法则。

2.2.2 柯西–黎曼条件（C–R 条件）

定理 2.1 若函数 $f(z)=u(x,y)+\mathrm{i}v(x,y)$ 定义在区域 D 内，则函数 $f(z)$ 在区域 D 内为解析函数的充分必要条件是：

（1） $u(x,y)$ 与 $v(x,y)$ 在 D 内可微；

（2） $u_x=v_y$，$u_y=-v_x$ 在 D 内成立。

证 必要性。

设点 z 为 D 内任意一点，令
$$\Delta z=\Delta x+\mathrm{i}\Delta y,\ \Delta f=\Delta u+\mathrm{i}\Delta v,\ f'(z)=a+\mathrm{i}b.$$

因 $f(z)$ 在 D 内解析，所以对于点 z 定存在 $f'(z)$，故有
$$\begin{aligned}
\Delta u+\mathrm{i}\Delta v&=f'(z)\,\Delta z+\Delta z\,\varepsilon\\
&=(a+\mathrm{i}b)(\Delta x+\mathrm{i}\Delta y)+\varepsilon\Delta z\\
&=(a\Delta x-b\Delta y)+\mathrm{i}(b\Delta x+a\Delta y)+\varepsilon\Delta z\,(\varepsilon\to 0,\Delta z\to 0),
\end{aligned}$$

从而有

$$\Delta u = a\Delta x - b\Delta y + \text{Re}(\varepsilon\Delta z), \quad \Delta v = b\Delta x + a\Delta y + \text{Im}(\varepsilon\Delta z).$$

而 $\text{Re}(\varepsilon\Delta z)$ 与 $\text{Im}(\varepsilon\Delta z)$ 均是 $|\Delta z| = \sqrt{(\Delta x)^2 + (\Delta y)^2}$ 的高阶无穷小（令 $\varepsilon = \varepsilon_1 + \varepsilon_2 i$，

$\dfrac{|\text{Re}(\varepsilon\Delta z)|}{|\Delta z|} = \left| \dfrac{\varepsilon_1\Delta x - \varepsilon_2\Delta y}{\sqrt{(\Delta x)^2 + (\Delta y)^2}} \right| \leqslant \left| \dfrac{\varepsilon_1\Delta x}{\sqrt{(\Delta x)^2 + (\Delta y)^2}} \right| + \left| \dfrac{\varepsilon_2\Delta y}{\sqrt{(\Delta x)^2 + (\Delta y)^2}} \right|$），故

由 $u(x,y)$ 与 $v(x,y)$ 在点 (x,y) 可微的定义知道，$u(x,y)$ 与 $v(x,y)$ 在点 (x,y) 可微，再由 $z = x + y\text{i}$ 在 D 内的任意性，便得到条件（1）.

另外，由于函数 $f(z)$ 在 D 内解析，所以对 D 内任意一点 z，有

$$f'(z) = \lim_{\substack{\Delta x \to 0 \\ \Delta y \to 0}} \frac{\Delta u + \text{i}\Delta v}{\Delta x + \text{i}\Delta y}$$

一定存在，于是，当 $\Delta y = 0$，$\Delta x \to 0$ 时，得 $f'(z) = u_x + \text{i}v_x$；当 $\Delta x = 0$，$\Delta y \to 0$ 时，得 $f'(z) = v_y - \text{i}u_y$.

比较两式得 $u_x = v_y$，$u_y = -v_x$，即获得条件（2）.

由点 z 在 D 内的任意性得到必要性的证明.

充分性.

设点 z 为 D 内任意一点，由条件（1）得

$$\Delta u = u_x\Delta x + u_y\Delta y + \varepsilon_1, \quad \Delta v = v_x\Delta x + v_y\Delta y + \varepsilon_2,$$

其中，$\dfrac{\varepsilon_j}{\sqrt{(\Delta x)^2 + (\Delta y)^2}} \to 0 \quad (\sqrt{(\Delta x)^2 + (\Delta y)^2} \to 0) \quad (j = 1,2)$

记 $u_x = a$，$v_x = b$，由条件（2）得

$$\begin{aligned}
\Delta f &= \Delta u + \text{i}\Delta v \\
&= (a\Delta x - b\Delta y) + \text{i}(b\Delta x + a\Delta y) + (\varepsilon_1 + \text{i}\varepsilon_2) \\
&= (a + \text{i}b)(\Delta x + \text{i}\Delta y) + \varepsilon_1 + \text{i}\varepsilon_2.
\end{aligned}$$

于是

$$\frac{\Delta f}{\Delta z} = a + \text{i}b + \frac{\varepsilon_1 + \text{i}\varepsilon_2}{\Delta z}.$$

因为

$$\frac{\varepsilon_1 + \text{i}\varepsilon_2}{\Delta z} \to 0 \,(\Delta z \to 0),$$

所以

$$\frac{\Delta f}{\Delta z} \to a + \text{i}b,$$

即函数 $f(z)$ 在点 z 可导. 由点 z 在 D 内的任意性得知函数 $f(z)$ 在 D 内是解析函数，这便得充分性.

综上所述，定理获证.

条件（2）常称为柯西-黎曼条件（C-R 条件）. 从定理 2.1 中可以有下面几点收获：

1）定理 2.1 给出了解析函数的充分必要条件；

2）解析函数的实部与虚部受到十分苛刻的限制，这些限制深刻地揭示了解析

函数在"结构"上的特征;

　　3）提供了识别解析函数的一种方法;

　　4）提供了一种利用 u_x,　u_y,　v_x,　v_y 计算 $f'(z)$ 的方法：若 $f(z) = u(x,y) + iv(x,y)$ 在点 $z = x + iy$ 可导，则

$$f'(z) = u_x + iv_x = v_y - iu_y.　　　　　　(2.3)$$

如将定理中"D 内任一点"改为"D 内某一点"，则定理变为函数 $f(z)$ 在某点可导的充要条件，因而定理可以判断函数在区域上的解析性，也可以判断函数在某点的可导性.

　　【例 2.3】　试证函数 $f(z) = e^x(\cos y + i\sin y)$ 在复平面上处处解析，并求其导数.

　　证　　由 $u(x,y) = e^x\cos y, v(x,y) = e^x\sin y$，得

$$u_x = e^x\cos y,　u_y = -e^x\sin y,$$
$$v_x = e^x\sin y,　v_y = e^x\cos y.$$

　　在复平面内这四个偏导数处处连续，则 $u(x,y)$ 与 $v(x,y)$ 在复平面上可微，又 $u_x = v_y$，$u_y = -v_x$，可知满足 C-R 条件，所以函数 $f(z) = e^x(\cos y + i\sin y)$ 在复平面内处处解析，且 $f'(z) = u_x + iv_x = e^x(\cos y + i\sin y)$.

　　【例 2.4】　判定下列函数的可导性与解析性.

　　（1）$f(z) = x^2 + iy^2$;

　　（2）$f(z) = z\mathrm{Re}(z)$.

　　解　（1）由 $u(x,y) = x^2, v(x,y) = y^2$，得 $u_x = 2x, u_y = 0, v_x = 0, v_y = 2y$.

　　在复平面内这四个偏导数处处连续，则 $u(x,y)$ 与 $v(x,y)$ 在复平面上可微，仅当 $x = y$ 时，C-R 条件才成立.　所以，函数 $f(z) = x^2 + iy^2$ 仅在 $x = y$ 上可导，在复平面上处处不解析.

　　（2）由 $f(z) = z\mathrm{Re}(z) = (x + iy)x = x^2 + ixy$，知 $u(x,y) = x^2, v(x,y) = xy$，于是 $u_x = 2x, u_y = 0, v_x = y, v_y = x$. 这四个偏导数在复平面上处处连续，但仅当 $x = y = 0$ 时，C-R 条件才成立.　所以，函数 $f(z)$ 仅在 $z = 0$ 点可导，在复平面上处处不解析.

　　【例 2.5】　设函数 $f(z)$ 在区域 D 内解析，试证（1）与（2）等价.

　　（1）$f(z)$ 在 D 内为常数;

　　（2）函数 $\overline{f(z)}$ 在 D 内解析.

　　证　（1）$\Rightarrow$（2）

　　因 $f(z)$ 为常数，所以 $\overline{f(z)}$ 在 D 内也为常数，于是 $\overline{f(z)}$ 在 D 内解析，即推得（2）.

　　（2）$\Rightarrow$（1）

　　令 $f(z) = u + iv$，则 $\overline{f(z)} = u - iv$.

　　因 $f(z)$ 在 D 内解析，所以有 $u_x = v_y$，$u_y = -v_x$.

　　又因 $\overline{f(z)}$ 在 D 内解析，所以有 $u_x = -v_y$，$u_y = v_x$

由上两式得

$$u_x = v_y = u_y = v_x = 0.$$

从而得 u 与 v 均为常数，于是可知 $f(z)$ 也为常数，即推得（1）.

综上所述，（1）与（2）是等价的.

当 $f(z)$ 在 D 内解析时，还有下列命题也是等价的：

①$f(z)$ 为常数；②$f'(z) = 0$；③$|f(z)|$ 为常数；④$\mathrm{Re}[f(z)]$ 为常数；⑤$\mathrm{Im}[f(z)]$ 为常数.

这些留作习题，大家试证一下.

2.2.3 调和函数

定义 2.3 设二元实函数 $g(x,y)$ 定义在区域 D 内，若 $g(x,y)$ 在 D 内具有连续的二阶偏导数，且满足拉普拉斯（Laplace）方程

$$g_{xx} + g_{yy} = 0,$$

则称 $g(x,y)$ 为 D 内的调和函数.

拉普拉斯方程是一种非常重要的偏微分方程，在二维平面场和稳态热传导等许多问题中出现，因此调和函数在流体力学、物理学中有着十分重要的应用.

定理 2.2 设 $f(z) = u + \mathrm{i}v$，若 $f(z)$ 在区域 D 内解析，则 u 与 v 均为 D 内的调和函数.

定义 2.4 若在区域 D 内，u 与 v 均为调和函数，且满足 C - R 条件：

$$u_x = v_y, \ u_y = -v_x,$$

则称 v 为 u 的共轭调和函数.

由此可知，若函数 $f(z)$ 在区域 D 内为解析函数，则 $\mathrm{Im}[f(z)]$ 为 $\mathrm{Re}[f(z)]$ 的共轭调和函数. 反过来，设 $f(z) = u + \mathrm{i}v$，若在区域 D 内 v 为 u 的共轭调和函数，则函数 $f(z)$ 在 D 内为解析函数.

注意：①当 v，u 是调和函数时，$f(z) = u + \mathrm{i}v$ 未必是解析的；②当 v 为 u 的共轭调和函数时，$f(z) = u + \mathrm{i}v$ 是解析的；③v 为 u 的共轭调和函数，这里的共轭概念不具有对称性，而是 $(-u)$ 为 v 的共轭调和函数.

定理 2.3 设 $u(x,y)$ 在区域 D 内为调和函数，则存在由公式

$$v(x,y) = \int_{(x_0,y_0)}^{(x,y)} -u_y \mathrm{d}x + u_x \mathrm{d}y + C \tag{2.4}$$

确定的函数 $v(x,y)$，使得函数 $f(z) = u + \mathrm{i}v$ 在区域 D 内解析. 其中，点 (x,y) 为 D 内的一个动点，点 (x_0,y_0) 为 D 内一定点，C 为常数.

类似地，若已知 $v(x,y)$，可求 $u(x,y)$，使得 $f(z) = u + \mathrm{i}v$ 在区域 D 内解析，其中

$$u(x,y) = \int_{(x_0,y_0)}^{(x,y)} v_y \mathrm{d}x - v_x \mathrm{d}y + C. \tag{2.5}$$

当然，我们也可以直接用 C - R 条件由解析函数 $f(z) = u + \mathrm{i}v$ 的实部 u（虚部

v），求其虚部 v（实部 u）.

【例 2.6】 已知调和函数 $u(x,y)=x^2-y^2+xy$，试求解析函数 $f(z)=u+\mathrm{i}v$.

解 方法 1（线积分法） 由 $u(x,y)=x^2-y^2+xy$，

得 $u_x=2x+y$，$u_y=x-2y$，由公式（2.4），所以

$$v(x,y)=\int_{(x_0,y_0)}^{(x,y)}-u_y\mathrm{d}x+u_x\mathrm{d}y+C$$

$$=\int_{(x_0,y_0)}^{(x,y)}(2y-x)\mathrm{d}x+(2x+y)\mathrm{d}y+C.$$

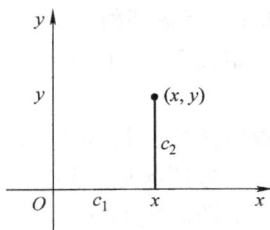

图 2.1

取积分路径如下（见图 2.1）：先沿实轴从原点到点 $(x,0)$，后从点 $(x,0)$ 沿平行于虚轴的直线到点 (x,y).

于是有

$$v(x,y)=\int_0^x(-x)\mathrm{d}x+\int_0^y(2x+y)\mathrm{d}y+C$$

$$=-\frac{1}{2}x^2+2xy+\frac{1}{2}y^2+C,$$

从而得

$$f(z)=u+\mathrm{i}v$$

$$=x^2-y^2+xy+\mathrm{i}\left(-\frac{1}{2}x^2+2xy+\frac{1}{2}y^2+C\right)$$

$$=\frac{2-\mathrm{i}}{2}z^2+\mathrm{i}C.$$

方法 2（偏积分法） 依 C – R 条件有 $2y-x=-u_y=v_x$，

于是

$$v=\int(2y-x)\mathrm{d}x=-\frac{1}{2}x^2+2xy+C(y),$$

由此得

$$v_y=2x+C'(y)=u_x=2x+y,$$

从而有

$$C(y)=\frac{1}{2}y^2+C,$$

所以

$$v(x,y)=-\frac{1}{2}x^2+2xy+\frac{1}{2}y^2+C\ (C\ 为任意常数),$$

故得

$$f(z)=u+\mathrm{i}v$$

$$=x^2-y^2+xy+\mathrm{i}\left(-\frac{1}{2}x^2+2xy+\frac{1}{2}y^2+C\right)$$

$$=\frac{2-\mathrm{i}}{2}z^2+\mathrm{i}C.$$

2.3　初等函数

2.3.1　指数函数

定义 2.5　设 $z = x + iy$，称

$$e^z = e^{x+iy} = e^x(\cos y + i\sin y) \tag{2.6}$$

为指数函数，其等式右端中 e 为自然对数的底，即 e = 2.71828···.

为方便起见，约定：在无特殊声明时，e^z 即表示 $\exp(z)$.

指数函数的性质：

（1）（加法定理）对任意两个复数 $z_1 = x_1 + iy_1$ 与 $z_2 = x_2 + iy_2$，有 $e^{z_1} \cdot e^{z_2} = e^{z_1 + z_2}$.

（2）e^z 在复平面上为解析函数，且有 $(e^z)' = e^z$.

（3）对任意复数 $z = x + iy$，有

$$|e^z| = e^x, \quad \mathrm{Arg}\, z = y + 2k\pi \quad (k \in \mathbf{Z}).$$

（4）e^z 以 $2k\pi i$ $(k \in \mathbf{Z})$ 为周期，$2\pi i$ 为其基本周期.

事实上因为 $e^{2k\pi i} = 1$，于是 $e^{z + 2k\pi i} = e^z \cdot e^{2k\pi i} = e^z$.

（5）$e^{z_1} = e^{z_2}$ 的充分必要条件是

$$z_1 = z_2 + 2k\pi i (k \in \mathbf{Z}).$$

（6）$\lim\limits_{z \to \infty} e^z$ 不存在（即 e^∞ 无意义）.

事实上，当 z 沿正实轴趋于无穷远点时（$y = 0, x \to +\infty$），$e^z \to +\infty$，当 z 沿负实轴趋于无穷远点时（$y = 0, x \to -\infty$），$e^z \to 0$，故 $\lim\limits_{z \to \infty} e^z$ 不存在.

（7）设 $z = x + iy$，若 $y = 0$，则 $e^z = e^x$；若 $x = 0$，则

$$e^{iy} = \cos y + i\sin y.$$

这便是欧拉公式.

由上述性质，在将 e^x 推广到 e^z 后，函数 e^z 仍保留了某些性质（如指数的可加性），同时也丢掉了某些性质（如当 z 不为实数，e^z 不再具有单调性），而且还增添了某些性质（如 e^z 具有周期）.

2.3.2　对数函数

定义 2.6　设 $z \neq 0$，称满足 $e^w = z$ 的 w 为 z 的对数函数，记作

$$w = \mathrm{Ln}\, z.$$

根据这个定义，令 $w = u + iv$，$z = re^{i\theta}$，其中 $\theta = \arg z$，由定义 2.6 有

$$e^{u+iv} = re^{i\theta},$$

于是有

$$e^u = r, \quad e^{iv} = e^{i\theta},$$

从而有

$$u = \ln r, \quad v = \theta + 2k\pi \quad (k \in \mathbf{Z}),$$

故得

$$w = \mathrm{Ln}\, z$$

$$= \ln r + i(\theta + 2k\pi) \quad (k \in \mathbf{Z})$$

$$= \ln|z| + i(\arg z + 2k\pi)$$

$$= \ln|z| + i\mathrm{Arg}\, z.$$

由此可知，对数函数为多值函数，并且每两个值相差 $2\pi i$ 的整数倍. 若 $k = 0$，那么此时对数即为一单值函数，记为 $\ln z$，称为 $\text{Ln} z$ 的主值. 于是有

$$\text{Ln} z = \ln z + 2k\pi i.$$

【例 2.7】 求 $\text{Ln}(1 + i)$、$\text{Ln}(-1)$、$\text{Ln} 1$ 的值和它们的主值.

解
$$\text{Ln}(1 + i) = \ln|1 + i| + i[\arg(1 + i) + 2k\pi]$$

$$= \ln\sqrt{2} + i\left(\frac{\pi}{4} + 2k\pi\right)(k \in \mathbf{Z}).$$

当 $k = 0$ 时，得主值 $\ln(1 + i) = \ln\sqrt{2} + i\frac{\pi}{4}$.

$$\text{Ln}(-1) = \ln|-1| + i[\arg(-1) + 2k\pi] = \ln 1 + i[\arg(-1) + 2k\pi] = (2k + 1)\pi i.$$

主值 $\ln(-1) = i\pi$.

$$\text{Ln} 1 = \ln|1| + i[\arg(1) + 2k\pi] = \ln 1 + i[\arg(1) + 2k\pi] = 2k\pi i.$$

主值 $\ln 1 = 0$.

值得注意的是：在实函数中，对数的定义域是全体正实数，而复对数函数的定义域是除 $z \neq 0$ 外的全体复数；实对数是单值函数，而复对数是多值函数. 特别地，当 $z = x > 0$ 时，$\text{Ln} z$ 的主值 $\ln z = \ln x$，即实对数函数.

利用辐角的性质，可得

$$\text{Ln}(z_1 \cdot z_2) = \text{Ln} z_1 + \text{Ln} z_2,$$

$$\text{Ln}\left(\frac{z_1}{z_2}\right) = \text{Ln} z_1 - \text{Ln} z_2.$$

关于上式，仍按第 1 章中关于无限集合相等的约定来理解.

按上述理解，容易知道

$\text{Ln} z + \text{Ln} z \neq 2\text{Ln} z$；

$\text{Ln} z - \text{Ln} z \neq 0$；

$\text{Ln} z^n \neq n\text{Ln} z$；

$\text{Ln} \sqrt[n]{z} \neq \dfrac{1}{n}\text{Ln} z \quad (n > 1,\ n \in \mathbf{Z})$.

2.3.3 三角函数与反三角函数

由 Euler 公式知，y 为实数时，有

$$e^{iy} = \cos y + i\sin y,$$

$$e^{-iy} = \cos y - i\sin y,$$

从而有 $\cos y = \dfrac{e^{iy} + e^{-iy}}{2}$，$\sin y = \dfrac{e^{iy} - e^{-iy}}{2i}$，于是得到启示，指数函数与三角函数之间是可以相互表示的，由此可定义复三角函数.

定义 2.7 设 z 为复数，称

$$\sin z = \frac{e^{iz} - e^{-iz}}{2i}, \quad \cos z = \frac{e^{iz} + e^{-iz}}{2}$$

分别为 z 的正弦函数和余弦函数.

定义 2.7 建立了复变量的正弦函数及余弦函数和复变量的指数函数之间的联系，这种联系在实变量的正弦函数（或余弦函数）与实变量的指数函数之间是不存在的.

正、余弦函数的性质：

（1）$\sin z$ 与 $\cos z$ 在复平面解析，且有 $(\sin z)' = \cos z, (\cos z)' = -\sin z$；

（2）$\sin z$ 与 $\cos z$ 均以 $2k\pi$（k 为整数）为周期；

（3）$\cos z$ 为偶函数，$\sin z$ 为奇函数；

（4）$\sin z$ 仅在 $z = k\pi$ 处为零，$\cos z$ 仅在 $z = k\pi + \dfrac{\pi}{2}$ 处为零，其中 k 为整数；

（5）三角学中实变量的三角函数间的已知公式对复变量的三角函数仍然有效，例如

$$\sin^2 z + \cos^2 z = 1,$$
$$\sin(z_1 + z_2) = \sin z_1 \cos z_2 + \cos z_1 \sin z_2,$$
$$\cos(z_1 + z_2) = \cos z_1 \cos z_2 - \sin z_1 \sin z_2$$

等公式仍然成立，可由定义直接推导；

（6）$|\sin z|$，$|\cos z|$ 是无界的，即 $|\sin z| \leq 1$，$|\cos z| \leq 1$ 不成立；

取 $z = iy$，y 为实数，$\cos z = \dfrac{e^y + e^{-y}}{2}$，则 $\lim\limits_{z \to \infty} |\cos z| = \lim\limits_{y \to \infty} \dfrac{e^y + e^{-y}}{2} = \infty$，故 $|\cos z|$ 无界.

同样 $|\sin z|$ 也是无界的.

（7）$\lim\limits_{z \to \infty} \sin z$ 与 $\lim\limits_{z \to \infty} \cos z$ 均不存在.

其他复变数的三角函数的定义如下：

$$\tan z = \frac{\sin z}{\cos z}, \cot z = \frac{\cos z}{\sin z}, \sec z = \frac{1}{\cos z}, \csc z = \frac{1}{\sin z}.$$

这些函数在复平面上除了分母为零的点外是解析的.

与三角函数密切相关的是下面定义的双曲函数：

$$\text{sh} z = \frac{e^z - e^{-z}}{2}, \quad \text{ch} z = \frac{e^z + e^{-z}}{2}$$

分别称为双曲正弦函数和双曲余弦函数. 也可以看出双曲函数是单值的，且是以虚数 $2\pi i$ 为周期的周期函数. $\text{sh} z$ 为奇函数，$\text{ch} z$ 为偶函数，而且在复平面内均解析，并有

$$(\text{sh} z)' = \text{ch} z, (\text{ch} z)' = \text{sh} z.$$

双曲函数与三角函数之间有下列关系：$\text{sh} z = -i\sin iz$，$\text{ch} z = \cos iz$.

【例 2.8】 计算 $\cos(1 + i)$ 的值.

解 由定义得

$$\cos(1+i) = \frac{e^{i(1+i)} + e^{-i(1+i)}}{2} = \frac{e^{i-1} + e^{1-i}}{2} = \frac{e^{-1} + e}{2}\cos 1 + i\frac{e^{-1} - e}{2}\sin 1.$$

2.3.4 一般幂函数与一般指数函数

定义 2.8 设 $z \neq 0$，a 为复数，称

$$z^a = e^{a\mathrm{Ln}z}$$

为 z 的一般幂函数. 当 $z = 0$，且 $a \neq 0$ 时，规定 $z^a = 0$.

由于 $\mathrm{Ln}z$ 是多值函数，所以 $z^a = e^{a\mathrm{Ln}z}$ 也是多值函数，且

$$z^a = e^{a\mathrm{Ln}z} = e^{a\ln z} \cdot e^{i2ak\pi} \quad (k = 0, \pm 1, \pm 2, \cdots)$$

由此可见，上式的多值性与 k 有关.

（1）当 a 为整数时，$e^{i2ak\pi} = 1$，则 $z^a = e^{a\mathrm{Ln}z}$ 是与 k 无关的单值函数；

（2）当 a 为有理数 $\dfrac{m}{n}$ 时（$\dfrac{m}{n}$ 为既约分数，$n > 0$），

$$z^a = e^{\frac{m}{n}\mathrm{Ln}z} = e^{\frac{m}{n}(\ln z + i2k\pi)} = e^{\frac{m}{n}\ln z} \cdot (e^{i2km\pi})^{\frac{1}{n}},$$

则 $(e^{i2km\pi})^{\frac{1}{n}}$ 只有 n 个不同的值，即当 $k = 0, 1, 2, \cdots, n-1$ 时对应的值，因此

$$z^a = e^{\frac{m}{n}\mathrm{Ln}z} = e^{\frac{m}{n}\ln z} \cdot (e^{i2km\pi})^{\frac{1}{n}} \quad (k = 0, 1, 2, \cdots, n-1);$$

（3）当 a 为无理数或复数时，$z^a = e^{a\mathrm{Ln}z}$ 有无限多个值.

定义 2.9 设 $a \neq 0$，z 为复数，称

$$a^z = e^{z\mathrm{Ln}a}$$

为一般指数函数. 当 $a > 0$ 时，规定 $a^z = e^{z\ln a}$.

【例 2.9】 计算 5^{1+i}，i^i，$1^{\sqrt{2}}$ 的值.

解 $5^{1+i} = e^{(1+i)\mathrm{Ln}5} = e^{(1+i)(\ln 5 + i2k\pi)} = e^{(\ln 5 - 2k\pi) + i(\ln 5 + 2k\pi)}$；

$i^i = e^{i\mathrm{Ln}i} = e^{i \cdot i(\frac{\pi}{2} + 2k\pi)} = e^{-(\frac{\pi}{2} + 2k\pi)}$；

$1^{\sqrt{2}} = e^{\sqrt{2}\mathrm{Ln}1} = e^{\sqrt{2}(i2k\pi)} = e^{i2\sqrt{2}k\pi}.$

2.4 习题2

1. 判断下列函数的可导性与解析性.

（1）$f(z) = x^2 - iy$；　　　　　　　（3）$f(z) = xy^2 + ixy^2$；

（2）$f(z) = 2x^3 + 3y^3i$；　　　　　（4）$f(z) = x^2 - y^2 - 2xyi$.

2. 证明 $f(z) = (x^3 - 3xy^2) + i(3x^2y - y^3)$ 处处解析，并求 $f'(z)$.

3. 设 $f(z) = my^3 + nx^2y + i(x^3 + lxy^2)$ 为解析函数，求 l、m、n 的值.

4. 试证下列函数在 Z 平面上处处不解析.

（1）$f(z) = x + 2yi$；　　　　　　　（3）$f(z) = \dfrac{1}{z}$；

（2）$f(z) = \mathrm{Re}z$；　　　　　　　（4）$f(z) = x + y$.

24

5. 若 $f(z)$ 在 z_0 处解析，试证：$f(z)$ 在 z_0 处连续.

6. 设 $f(z)$ 在点 z_0 连续，证明：$f(z)$ 在 z_0 的某一个邻域内有界.

7. 设 $f(z)$ 是区域 D 内的解析函数，且在 D 内 $f'(z) = 0$，证明：$f(z)$ 在区域 D 内恒等于常数.

8. 证明：如果函数 $f(z) = u + iv$ 在区域 D 内解析，并满足下列条件之一，那么 $f(z)$ 是常数.

（1）$f(z)$ 恒取实数；

（2）$\overline{f(z)}$ 在 D 内解析；

（3）$|f(z)|$ 在 D 内是一个常数；

（4）$\arg f(z)$ 在 D 内是一个常数；

（5）$\mathrm{Re} f(z)$ 或 $\mathrm{Im} f(z)$ 在 D 内解析；

（6）$au + bv = c$，其中 a，b 与 c 为不全为零的实常数；

（7）$v = u^2$.

9. 判断下列命题的真假.

（1）若 $f(z)$ 在 z_0 连续，则 $f'(z_0)$ 存在；

（2）若 $f'(z_0)$ 存在，则 $f(z)$ 在 z_0 解析；

（3）若 z_0 是 $f(z)$ 的奇点，则 $f(z)$ 在 z_0 不可导；

（4）若 u，v 都可导，则 $f(z) = u + iv$ 也可导；

（5）若 z_0 是 $f(z)$，$g(z)$ 的奇点，则 z_0 也是 $f(z) + g(z)$ 和 $\dfrac{f(z)}{g(z)}$ 的奇点.

10. 由下列各条件求出解析函数 $f(z) = u + iv$.

（1）$u = 2(x-1)y$，$f(2) = -i$；

（2）$v = x^2 - y^2 + 1$，$f(0) = i$；

（3）$u = e^x(x\cos y - y\sin y)$，$f(0) = 0$.

11. 解下列方程.

（1）$e^z = -4$；

（2）$\ln z = \dfrac{\pi}{2}i$；

（3）$\cos z = 2$；

（4）$\mathrm{sh}\, z = 0$；

（5）$e^z = 1 + \sqrt{3}i$.

12. 下列关系是否正确？

（1）$\mathrm{Ln} z^2 = 2\mathrm{Ln} z$；

（2）$\overline{e^z} = e^{\bar z}$；

（3）$\overline{\cos z} = \cos \bar z$；

（4）$\overline{\mathrm{ch} z} = \mathrm{ch}\, \bar z$.

13. 计算下列各式的值.

（1）$\cos(1 + i)$；

（2）3^i；

（3）$\mathrm{Ln}(-3 + 4i)$；

（4）$(1 + i)^i$.

第 3 章　复变函数的积分

3.1　复变函数积分的概念

3.1.1　复积分的定义

　　在讨论复变函数积分时，将要用到有向曲线的概念，如果一条光滑或逐段光滑曲线规定了其起点和终点，则称该曲线为有向曲线. 一般我们规定简单闭曲线，逆时针方向为正方向，顺时针方向为负方向；特别地，若 C 为复平面上某一个复数域的边界曲线，则 C 的正向这样规定：当人沿曲线 C 行走时，区域总保持在人的左侧，因此外部边界取逆时针方向，而内部曲线取顺时针方向为正方向.

　　同高等数学一样，也采用"分割""作和""取极限"的步骤来定义积分.

　　定义 3.1　设 C 为一条起点在 a、终点在 b 的有向光滑曲线（或逐段光滑曲线），其方程为

$$z = z(t) = x(t) + \mathrm{i}\, y(t) \qquad (\alpha \leqslant t \leqslant \beta, a = z(\alpha), b = z(\beta)).$$

函数 $f(z)$ 定义在 C 上用一组点 $z_0 = a$，z_1，z_2，$\cdots$，z_{n-1}，$z_n = b$ 沿曲线从 a 到 b 分割 C（见图 3.1）.

　　设 $\Delta z_k = z_k - z_{k-1}$，$\xi_k$ 为弧 $\overset{\frown}{z_{k-1} z_k}$ 上任意一点，作和 $S_n = \displaystyle\sum_{k=1}^{n} f(\xi_k)\Delta z_k$.

　　当分点无限增加，并且分割 C 所得诸弧段长度中的最大值 $\lambda \to 0$ 时，若不论对 C 的分法及 ξ_k 的取法如何，S_n 存在极限 S，则称 $f(z)$ 沿 C（从 a 到 b）可积，

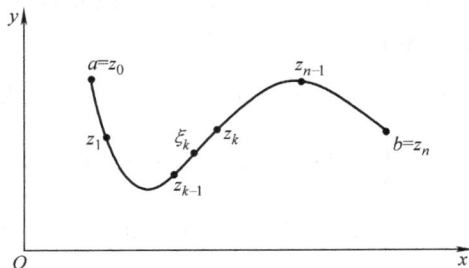

图　3.1

称 S 为 $f(z)$ 沿 C（从 a 到 b）的积分，记作

$$S = \int_C f(z) \, \mathrm{d}z$$

即

$$\int_C f(z) \, \mathrm{d}z = \lim_{\lambda \to 0} \sum_{k=1}^{n} f(\xi_k) \Delta z_k,$$

其中 $f(z)$ 称为被积函数，C 称为积分路径.

当 C 为封闭曲线对，那么沿 C 的积分记为 $\oint_C f(z) \, \mathrm{d}z$. 为了方便起见，以后我们称复变函数的积分为复积分.

可以看出，当 C 为 x 轴上的区间 $[a, b]$，而 $f(z) = u(x)$ 时，复积分即为一元实函数的定积分 $\int_a^b u(x) \, \mathrm{d}x$.

有了积分的定义后，最先关心的问题是：积分存在的条件、积分的性质与积分的计算. 下面就来讨论这几个问题.

3.1.2 复积分存在的一个条件

下面我们推导复变函数 $f(z) = u(x, y) + iv(x, y)$ 的积分与其实部 $u(x, y)$ 及其虚部 $v(x, y)$ 这两个二元实函数曲线积分之间的关系.

定理 3.1 若函数 $f(z) = u(x, y) + iv(x, y)$ 在光滑曲线 C 上连续，则 $f(z)$ 沿曲线 C 的积分存在，且

$$\int_C f(z) \, \mathrm{d}z = \int_C u \, \mathrm{d}x - v \, \mathrm{d}y + i \int_C v \, \mathrm{d}x + u \, \mathrm{d}y. \tag{3.1}$$

由定理 3.1 可得：其一，它给出了复变函数积分存在的一个充分条件；其二，它提供了计算复变函数积分的一种方法；其三，式（3.1）表明，研究复变函数的积分问题，可以转化为研究实变量的二元实值函数沿曲线 C 的线积分问题. 为了便于记忆上面的公式，可把 $f(z) \, \mathrm{d}z$ 理解为 $(u + iv)(\mathrm{d}x + i\mathrm{d}y)$，则 $f(z) \, \mathrm{d}z = u \, \mathrm{d}x - v \, \mathrm{d}y + i(v \, \mathrm{d}x + u \, \mathrm{d}y)$.

3.1.3 复积分的性质与计算

由式（3.1）容易想到，线积分的一些性质可移到复变函数的积分上来，从而可获得复积分的下列性质：

（1）$\int_C k f(z) \, \mathrm{d}z = k \int_C f(z) \, \mathrm{d}z$ （k 为复常数）；

（2）$\int_C [f_1(z) \pm f_2(z)] \, \mathrm{d}z = \int_C f_1(z) \, \mathrm{d}z \pm \int_C f_2(z) \, \mathrm{d}z$；

（3）$\int_{C^-} k f(z) \, \mathrm{d}z = -\int_C f(z) \, \mathrm{d}z$ （C^- 为 C 的负向曲线）；

（4）$\int_C f(z) \, \mathrm{d}z = \int_{C_1} f(z) \, \mathrm{d}z + \int_{C_2} f(z) \, \mathrm{d}z$ （C_1, C_2 首尾相连）；

（5）$\left| \int_C f(z) \, \mathrm{d}z \right| \leqslant \int_C |f(z)| \, |\mathrm{d}z| \leqslant \int_C |f(z)| \, \mathrm{d}L$ （$\mathrm{d}L$ 表示弧长的微分，即 $\mathrm{d}L =$

$\sqrt{(\mathrm{d}x)^2 + (\mathrm{d}y)^2}\,)$;

(6) 若沿曲线 C 复变函数 $f(z)$ 连续, 且 $f(z)$ 在 C 上满足 $|f(z)| \leqslant M(M > 0)$, 则

$$\left| \int_C f(z)\mathrm{d}z \right| \leqslant ML \quad (L \text{ 为曲线 } C \text{ 的长度}). \tag{3.2}$$

注 高等数学中的积分中值定理, 在复积分中不成立, 例如 $\int_0^{2\pi} \mathrm{e}^{\mathrm{i}\theta}\mathrm{d}\theta = 0$, 但任意给定的 θ, 显然 $\mathrm{e}^{\mathrm{i}\theta}(2\pi - 0) \neq 0$.

接下来, 考虑如何计算复积分.

由于积分路径常取光滑曲线 (或逐段光滑曲线), 所以 $f(z)$ 沿曲线 C 的积分可归结为 $f(z(t))$ 关于曲线 C 的参数的积分.

事实上, 若 C 为光滑曲线 (或逐段光滑曲线), 其参数方程为

$$z = z(t) = x(t) + \mathrm{i}\,y(t) \quad (\alpha \leqslant t \leqslant \beta).$$

设 α 与 β 分别对应着积分路径 C 的起点和终点, 于是

$$\int_C f(z)\mathrm{d}z = \int_\alpha^\beta f(z(t))z'(t)\mathrm{d}t. \tag{3.3}$$

这样一来, 便将 $f(z)$ 沿曲线 C 的积分归结为 $f(z)$ 关于曲线 C 的参数 t 的定积分. 用式 (3.3) 计算复积分 $\int_C f(z)\mathrm{d}z$ 一般需要三个步骤:

(1) 写出曲线 C 的参数方程 $z = z(t) = x(t) + \mathrm{i}\,y(t)$ $(\alpha \leqslant t \leqslant \beta)$;

(2) 将 $z = z(t)$ 与 $\mathrm{d}z = z'(t)\mathrm{d}t$ 代入被积表达式 $\int_C f(z)\mathrm{d}z$ 中, 化为关于参数 t 的定积分;

(3) 注意式 (3.3) 右端的定积分的下限、上限分别对应于 C 的起点和终点.

【例 3.1】 计算 $\int_C z\mathrm{d}z$, 其中 C 为 0 到 $1 + 2\mathrm{i}$ 的直线段.

解 C 的方程为

$$z = (1 + 2\mathrm{i})t \quad (0 \leqslant t \leqslant 1),$$

将 $z = (1 + 2\mathrm{i})t, \mathrm{d}z = (1 + 2\mathrm{i})\mathrm{d}t$ 代入所求积分, 得

$$\int_C z\mathrm{d}z = \int_0^1 t\,(1 + 2\mathrm{i})^2\mathrm{d}t = \frac{1}{2}\,(1 + 2\mathrm{i})^2.$$

根据复积分与曲线积分的关系:

$$\int_C z\mathrm{d}z = \int_C (x + \mathrm{i}y)(\mathrm{d}x + \mathrm{i}\mathrm{d}y) = \int_C x\mathrm{d}x - y\mathrm{d}y + \mathrm{i}\int_C y\mathrm{d}x + x\mathrm{d}y,$$

由曲线积分与路径无关的条件, 容易得到, 上式右边的两个曲线积分都与路径 C 无关, 所以 $\int_C z\mathrm{d}z$ 的值, 只要起点、终点相同, 不管路径 C 是什么样的曲线, 积分结果都是相同的, 这说明有些复积分的积分值可能与路径无关.

【例 3.2】　试计算 $\int_C \mathrm{Re}z\mathrm{d}z$，（1）$C$ 为 0 到 $1+\mathrm{i}$ 的直线段；（2）C 是由 0 到 1，再由 1 到 $1+\mathrm{i}$ 的折线段（见图 3.2）.

解　（1）C 的方程为
$$z = (1+\mathrm{i})t \quad (0 \leqslant t \leqslant 1),$$
将 $\mathrm{d}z = (1+\mathrm{i})\mathrm{d}t$，$\mathrm{Re}z = t$ 代入所求积分，得
$$\int_C \mathrm{Re}z\mathrm{d}z = \int_0^1 t(1+\mathrm{i})\mathrm{d}t = \frac{1}{2}(1+\mathrm{i}).$$

图 3.2

（2）C 分成了两段：$C_1: z = t(0 \leqslant t \leqslant 1)$；$C_2: z = 1 + \mathrm{i}t$ $(0 \leqslant t \leqslant 1)$，则
$$\int_C \mathrm{Re}z\mathrm{d}z = \int_{C_1} \mathrm{Re}z\mathrm{d}z + \int_{C_2} \mathrm{Re}z\mathrm{d}z$$
$$= \int_0^1 t\mathrm{d}t + \int_0^1 1 \cdot \mathrm{i}\mathrm{d}t = \frac{1}{2} + \mathrm{i}.$$

由计算结果可以看出，本题中 C 的起点和终点虽然相同，但路径不同，积分的值不同.

【例 3.3】　试证
$$\oint_C \frac{1}{(z-z_0)^n}\mathrm{d}z = \begin{cases} 2\pi\mathrm{i}, & n = 1 \\ 0, & n \neq 1 \end{cases},$$
其中，C 为以 z_0 为圆心、以 r 为半径的圆周，n 为整数.

证　这里的 C 是一条围线，对于沿围线的积分，若无特殊声明，则今后总理解为沿围线的正向积分.

用计算积分的方法来证明本题. C 的方程为
$$z = z_0 + r\mathrm{e}^{\mathrm{i}\theta} \quad (0 \leqslant \theta \leqslant 2\pi),$$
$$\mathrm{d}z = \mathrm{i}r\mathrm{e}^{\mathrm{i}\theta}\mathrm{d}\theta.$$

当 $n = 1$ 时，被积函数为 $\dfrac{1}{z-z_0} = \dfrac{1}{r\mathrm{e}^{\mathrm{i}\theta}}$，于是

$$\oint_C \frac{1}{(z-z_0)^n}\mathrm{d}z = \oint_C \frac{1}{z-z_0}\mathrm{d}z = \int_0^{2\pi} \frac{1}{r\mathrm{e}^{\mathrm{i}\theta}}\mathrm{i}r\mathrm{e}^{\mathrm{i}\theta}\mathrm{d}\theta = 2\pi\mathrm{i}.$$

当 $n \neq 1$ 且为整数时，被积函数为 $\dfrac{1}{(z-z_0)^n} = \dfrac{1}{r^n\mathrm{e}^{\mathrm{i}n\theta}}$，得

$$\oint_C \frac{1}{(z-z_0)^n}\mathrm{d}z = \int_0^{2\pi} \frac{1}{r^n\mathrm{e}^{\mathrm{i}n\theta}}\mathrm{i}r\mathrm{e}^{\mathrm{i}\theta}\mathrm{d}\theta = \frac{\mathrm{i}}{r^{n-1}}\int_0^{2\pi} \mathrm{e}^{\mathrm{i}(1-n)}\mathrm{d}\theta$$
$$= \frac{\mathrm{i}}{r^{n-1}}\int_0^{2\pi} [\cos(1-n)\theta + \mathrm{i}\sin(1-n)\theta]\mathrm{d}\theta = 0.$$

综上所述，问题得证.

这个积分结果以后会常用到，我们把它称为**重要积分**，它的特点是与积分路线

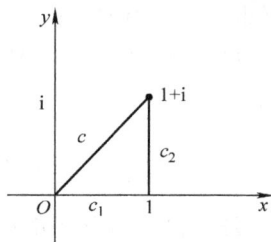

28

的中心及半径无关.

【例 3.4】 计算 $\int_C \bar{z}\mathrm{d}z$，其中：

（1）C 为单位圆周 $|z| = 1$ 的上半部分从 1 到 -1 的弧；

（2）C 为单位圆周 $|z| = 1$ 的下半部分从 1 到 -1 的弧.

解 （1）C 的方程为 $\qquad z = \mathrm{e}^{\mathrm{i}\theta} \quad (0 \leqslant \theta \leqslant \pi)$，
$$\mathrm{d}z = \mathrm{i}\mathrm{e}^{\mathrm{i}\theta}\mathrm{d}\theta,$$

于是 $\int_C \bar{z}\mathrm{d}z = \int_0^\pi \mathrm{e}^{-\mathrm{i}\theta} \cdot \mathrm{i}\mathrm{e}^{\mathrm{i}\theta}\mathrm{d}\theta = \int_0^\pi \mathrm{i}\mathrm{d}\theta = \pi\mathrm{i}$.

（2）C 的方程为 $\qquad z = \mathrm{e}^{\mathrm{i}\theta} \quad (-\pi \leqslant \theta \leqslant 0)$，
$$\mathrm{d}z = \mathrm{i}\mathrm{e}^{\mathrm{i}\theta}\mathrm{d}\theta,$$

于是 $\int_C \bar{z}\mathrm{d}z = \int_0^\pi \mathrm{e}^{-\mathrm{i}\theta} \cdot \mathrm{i}\mathrm{e}^{\mathrm{i}\theta}\mathrm{d}\theta = \int_0^\pi \mathrm{i}\mathrm{d}\theta = \pi\mathrm{i}$.

3.2 柯西积分定理

通过上节的例子可以发现，有的函数的积分只依赖于积分路径的起点与终点，而与积分路径无关，而有的函数，其积分不仅与积分路径的起点与终点有关，而且与积分路径也有关. 深入观察后可知，前一类函数是解析函数. 由此，可提出猜想：解析函数的积分只依赖于积分路径的起点与终点，而与积分路径无关. 柯西在 1825 年给出此定理对猜想做了回答.

3.2.1 单连通区域的柯西定理——柯西－古萨基本定理

定理 3.2 设 G 为复平面上的单连通区域，C 为 G 内的任意一条围线（见图 3.3），若 $f(z)$ 在 G 内解析，则 $\oint_C f(z)\mathrm{d}z = 0$.

证 用黎曼（1851 年在添加条件下给出）的证明方法，依此法，是在添加条件"$f'(z)$ 在 G 内连续"下证明.

设 $z = x + \mathrm{i}y, f(z) = u(x, y) + \mathrm{i}v(x, y)$，由式 (3.1) 有

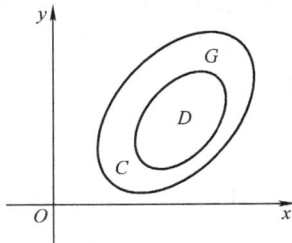

图 3.3

$$\oint_C f(z)\mathrm{d}z = \oint_C u\mathrm{d}x - v\mathrm{d}y + \mathrm{i}\oint_C v\mathrm{d}x + u\mathrm{d}y.$$

由于 $f'(z) = u_x + \mathrm{i}v_x = v_y - \mathrm{i}u_y$ 在 G 内连续，所以 u_x，u_y，v_x，v_y 在 G 内连续，从而，这四个偏导数在由围线 C 及其内部构成的闭区域 D 上连续. 又因 C 为光滑或逐段光滑的闭曲线，且 u 与 v 在 D 内连续是显然的. 于是，由高等数学中的格林公式得

$$\oint_C u\mathrm{d}x - v\mathrm{d}y = \iint_D (-v_x - u_y)\mathrm{d}x\mathrm{d}y,$$

$$\oint_C v\mathrm{d}x + u\mathrm{d}y = \iint_D (u_x - v_y)\mathrm{d}x\mathrm{d}y,$$

而由 $f(z)$ 在 G 内解析知道，u 与 v 满足 C – R 条件

$$u_x = v_y, \quad u_y = -v_x,$$

由此得

$$\iint_D (-v_x - u_y)\mathrm{d}x\mathrm{d}y = \iint_D (u_x - v_y)\mathrm{d}x\mathrm{d}y = 0,$$

从而得

$$\oint_C f(z)\mathrm{d}z = 0.$$

1900 年古萨（Goursat）在免去 $f'(z)$ 在 G 内连续这一假设条件下，给出新的证明，证明过程比较复杂，这里就不证了. 定理 3.2 称为积分基本定理，又常称作柯西 – 古萨基本定理（或柯西积分定理）.

定理 3.2 揭示了解析函数的一个深刻性质，即解析函数沿其解析区域内的任意一条围线的积分为零，亦即解析函数的积分只依赖于积分路径的起点与终点，而与积分路径无关. 另外，定理 3.2 提供了一种计算解析函数沿围线积分的方法.

定理 3.3　设函数 $f(z)$ 在复平面上的单连通区域 D 内处处解析，则积分 $f(z)$ 在 D 内积分与路径无关，仅与起点、终点有关，即对 D 内任意两点 z_0, z_1，积分 $\int_{z_0}^{z_1} f(z)\mathrm{d}z$ 的值，不依赖于 D 内连接起点 z_0 与终点 z_1 的曲线.

这个定理显然成立.

3.2.2　复积分的牛顿 – 莱布尼茨公式

由定理 3.3 知道，解析函数 $f(z)$ 在单连通区域内的积分只与起点 z_0 和终点 z_1 有关，即

$$\int_{C_1} f(z)\mathrm{d}z = \int_{C_2} f(z)\mathrm{d}z = \int_{z_0}^{z_1} f(z)\mathrm{d}z,$$

z_0, z_1 分别是积分的下限和上限，当下限 z_0 固定，上限 $z_1 = z$ 在 D 内变动时，积分 $\int_{z_0}^{z} f(\xi)\mathrm{d}\xi$ 即为上限的函数，记为 $F(z) = \int_{z_0}^{z} f(\xi)\mathrm{d}\xi$.

与高等数学一样，我们有相似的定理.

定理 3.4　若函数 $f(z) = u + iv$ 在单连通区域 D 内处处解析，则 $F(z) = \int_{z_0}^{z} f(\xi)\mathrm{d}\xi$ 在 D 内也解析，且 $F'(z) = f(z)$.

定义 3.2　如果函数 $\phi(z)$ 的导数等于 $f(z)$，即有 $\phi'(z) = f(z)$，则称 $\phi(z)$ 为 $f(z)$ 的一个原函数.

由此，$F(z) = \int_{z_0}^{z} f(\xi)\mathrm{d}\xi$ 是 $f(z)$ 的一个原函数. 我们知道，$f(z)$ 的任何两个原函数相差一个常数. 利用原函数的这个关系，我们得到复积分的牛顿 – 莱布尼茨

公式.

定理 3.5 若函数 $f(z)$ 在单连通区域 D 内处处解析，$F(z)$ 为 $f(z)$ 的一个原函数，那么

$$\int_{z_0}^{z_1} f(z)\,\mathrm{d}z = F(z)\,\big|_{z_0}^{z_1} = F(z_1) - F(z_0), \tag{3.4}$$

其中，z_0，z_1 是 D 内任意两点.

【例 3.5】 计算 $\int_{-2}^{-2+i} (z+2)^2\mathrm{d}z$.

解 $(z+2)^2$ 在复平面上处处解析，运用公式（3.4），有

$$\int_{-2}^{-2+i} (z+2)^2\mathrm{d}z = \frac{1}{3}(z+2)^3\,\bigg|_{-2}^{-2+i} = -\frac{i}{3}.$$

【例 3.6】 计算 $\int_0^i z\sin z\,\mathrm{d}z$.

解 $z\sin z$ 在复平面上处处解析，因而积分与路径无关，用分部积分法得

$$\int_0^i z\sin z\,\mathrm{d}z = -z\cos z\,\big|_0^i + \int_0^i \cos z\,\mathrm{d}z$$

$$= -i\cos i + \sin i$$

$$= -i(\cos i + i\sin i)$$

$$= -ie^{-1}.$$

3.2.3 复连通区域的柯西定理——复合闭路定理

下面我们将介绍柯西积分定理的推广.

定理 3.6（泼拉德定理） 设围线 C 是单连通区域 D 的边界，若 $f(z)$ 在 D 内解析，且在 $\overline{D}$ 上连续，则

$$\oint_C f(z)\,\mathrm{d}z = 0.$$

该定理与柯西积分定理是等价的.

在柯西积分定理中，我们所考虑的区域 D 是单连通的，$f(z)$ 在 D 内解析，如果这两个条件有一个不满足，一般来说定理的结论就不再成立. 如果 $f(z)$ 在 D 内有奇点，我们考虑将这些奇点挖去，于是区域就含有"洞"，这样单连通区域就变成多连通区域，于是得到在多连通区域上的解析函数的积分定理.

定理 3.7（复合闭路定理） 设有围线 C_0，C_1，C_2，$\cdots$，C_n，其中 C_1，C_2，$\cdots$，C_n 均在 C_0 的内部，且 C_1，C_2，$\cdots$，C_n 中的每一条均在其余各条的外部；又设 G 为由 C_0 的内部与 C_1，C_2，$\cdots$，C_n 的外部相交的部分组成的复连通区域（见图 3.4），若 $f(z)$ 在 G 内解析，且在闭区域 $\overline{G}$ 上连续，则

$$(1) \quad \oint_C f(z)\,\mathrm{d}z = \sum_{k=1}^n \oint_{C_k} f(z)\,\mathrm{d}z, \text{ 其中 } C_0, C_1, C_2, \cdots, C_n \text{ 都取正向；} \tag{3.5}$$

（2）$\oint_T f(z)\,\mathrm{d}z = 0$，　其中 $T = C_0 + C_1^- + C_2^- + \cdots + C_n^-$（$C_0$ 取正向，$C_1, C_2, \cdots,$

C_n 都取负向）　　　　　　　　　　　　　　　　　　　　　　　　　　（3.6）

证　不失一般性，仅就 G 只由两条围线围成的情形证明（见图 3.5）.

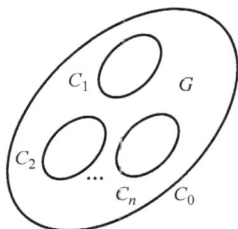

图　3.4

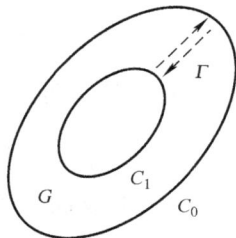

图　3.5

此时，即证

$$\oint_{C_0} f(z)\,\mathrm{d}z = \oint_{C_1} f(z)\,\mathrm{d}z \quad \text{或} \quad \oint_T f(z)\,\mathrm{d}z = 0, T = C_0 + C_1^-.$$

为此，在 C_0 与 C_1 之间引一条辅助线段（除端点外全在 G 内），用 Γ 连接 C_0 与 C_1. 此时可视 Γ 将 G "割破" 而形成一单连通区域（见图 3.5），对该区域，$f(z)$ 满足定理 3.3 的条件，于是，有

$$\oint_{C_0} f(z)\,\mathrm{d}z + \oint_{\Gamma} f(z)\,\mathrm{d}z + \oint_{C_1^-} f(z)\,\mathrm{d}z + \oint_{\Gamma^-} f(z)\,\mathrm{d}z = 0,$$

即　　　　$$\oint_{C_0} f(z)\,\mathrm{d}z = \oint_{C_1} f(z)\,\mathrm{d}z \text{ 或} \oint_T f(z)\,\mathrm{d}z = 0, T = C_0 + C_1^-.$$

对于定理 3.7，从定理的证明过程中可知，在区域内的一个解析函数沿闭曲线的积分，不因闭曲线在区域内做连续变形而改变它的值，只要在变形过程中曲线不经过函数的奇点就可以. 这一重要的事实，称为闭路变形原理.

从这个定理容易看到两点意义：一是它揭示了解析函数的一个性质——在一定条件下，解析函数沿复连通区域边界的积分等于零；二是它提供了一种计算函数沿围线积分的方法，即沿外边界的积分等于它沿内边界的积分之和.

【例 3.7】　试证

$$\oint_C \frac{1}{(z-z_0)^n}\,\mathrm{d}z = \begin{cases} 2\pi\mathrm{i}, & (n = 1), \\ 0, & (n \neq 1) \end{cases}$$

其中 C 为包含 z_0 的任何一条正向简单闭曲线，n 为整数.

证　用计算积分完成证明. 由于被积函数在 C 内部只含一个奇点 $z = z_0$，所以可用 "挖奇点" 法计算积分.

在 C 内作 C_r：$|z - z_0| = r$，于是，由式（3.5）得

$$\oint_C \frac{1}{(z-z_0)^n}\,\mathrm{d}z = \oint_{C_r} \frac{1}{(z-z_0)^n}\,\mathrm{d}z = \begin{cases} 2\pi\mathrm{i}, & (n = 1), \\ 0, & (n \neq 1). \end{cases}$$

【例3.8】 计算积分 $\oint_C \dfrac{3z-1}{z^2-z}\mathrm{d}z$ ，其中 C：$|z|=3$，且取正向.

证 因 $f(z)=\dfrac{3z-1}{z^2-z}=\dfrac{3z-1}{z(z-1)}$，被积函数在 C：$|z|=3$ 内只含有两个奇点 $z=0$ 与 $z=1$，在 C 内做两个很小的圆周 C_1：$|z|=r_1$ 和 C_2：$|z-1|=r_2$，且互不相交，也互不包含，都在 C 内，由复合闭路原理得

$$\oint_C \frac{3z-1}{z^2-z}\mathrm{d}z = \oint_{C_1}\frac{3z-1}{z(z-1)}\mathrm{d}z + \oint_{C_2}\frac{3z-1}{z(z-1)}\mathrm{d}z$$

$$= \oint_{C_1}\left(\frac{1}{z}+\frac{2}{z-1}\right)\mathrm{d}z + \oint_{C_2}\left(\frac{1}{z}+\frac{2}{z-1}\right)\mathrm{d}z$$

$$= \oint_{C_1}\frac{1}{z}\mathrm{d}z + \oint_{C_2}\frac{2}{z-1}\mathrm{d}z$$

$$= 2\pi\mathrm{i}+4\pi\mathrm{i}=6\pi\mathrm{i}.$$

3.3 积分基本公式与高阶导数公式

3.3.1 柯西积分公式

定理3.8 设 G 是以围线 C 为边界的单连通区域（见图 3.6），若 $f(z)$ 在 G 内解析，且在 C 上连续，则

$$f(z_0)=\frac{1}{2\pi\mathrm{i}}\oint_C \frac{f(z)}{z-z_0}\mathrm{d}z. \tag{3.7}$$

公式（3.7）称为柯西积分公式.

证 作 C_R：$|z-z_0|=R$，使得 C_R 及其内部全含于 G 中，由定理3.7得

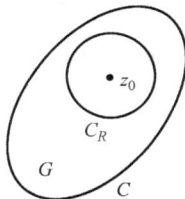

图 3.6

$$\oint_C \frac{f(z)}{z-z_0}\mathrm{d}z = \oint_{C_R}\frac{f(z)}{z-z_0}\mathrm{d}z. \tag{3.8}$$

因 $f(z)$ 在点 z_0 连续，所以对任意小的正数 ε 总可取到使式（3.8）成立的充分小的正数 R，使得

$$|f(z)-f(z_0)|<\varepsilon\,(z\in C_R),$$

于是

$$\left|\frac{1}{2\pi\mathrm{i}}\oint_C \frac{f(z)}{z-z_0}\mathrm{d}z - f(z_0)\right| = \left|\frac{1}{2\pi\mathrm{i}}\oint_{C_R}\frac{f(z)}{z-z_0}\mathrm{d}z - f(z_0)\right|$$

$$= \left|\frac{1}{2\pi\mathrm{i}}\oint_{C_R}\frac{f(z)}{z-z_0}\mathrm{d}z - f(z_0)\frac{1}{2\pi\mathrm{i}}\int_{C_R}\frac{1}{z-z_0}\mathrm{d}z\right|$$

$$= \left|\frac{1}{2\pi\mathrm{i}}\oint_{C_R}\frac{f(z)-f(z_0)}{z-z_0}\mathrm{d}z\right| < \frac{1}{2\pi}\frac{\varepsilon}{R}2\pi R=\varepsilon,$$

故

$$\left|\frac{1}{2\pi\mathrm{i}}\oint_C \frac{f(z)}{z-z_0}\mathrm{d}z - f(z_0)\right|=0,$$

33

从而

$$\frac{1}{2\pi i}\oint_C \frac{f(z)}{z - z_0}dz - f(z_0) = 0,$$

所以

$$f(z_0) = \frac{1}{2\pi i}\oint_C \frac{f(z)}{z - z_0}dz \quad 或 \quad \oint_C \frac{f(z)}{z - z_0}dz = 2\pi i \cdot f(z_0).$$

　　该定理对于由 $n+1$ 条围线 C_0，C_1，C_2，$\cdots$，C_n 所围成的复连通区域，仍然有效. 定理 3.8 提供了计算如式（3.7）右端的积分的方法. 这类积分的特征是：积分路径是围线，被积函数为分式，它在积分路径内部只含一个奇点 z_0，且分母为 $(z - z_0)$，而分子在积分路径内部解析.

　　【例 3.9】　求下列积分（取圆周正向）.

（1）$\oint_C \dfrac{e^{iz}}{z - i}dz$，$C: |z - i| = 1$；

（2）$\oint_C \dfrac{e^z}{z(z^2 + 1)}dz$，$C: |z + i| = \dfrac{1}{2}$；

（3）$\oint_C \dfrac{3z - 1}{z^2 - z}dz$，$C: |z| = 2$.

　　解　（1）$f(z) = e^{iz}$ 在 C 内解析，被积函数在 C 内有奇点 i，由柯西积分公式得

$$\oint_C \frac{e^{iz}}{z - i}dz = 2\pi i e^{iz}\big|_{z = i} = 2\pi i e^{-1}.$$

（2）$f(z) = \dfrac{e^z}{z(z - i)}$ 在 C 内解析，被积函数在 C 内有奇点 $-i$，则

$$\oint_C \frac{e^z}{z(z^2 + 1)}dz = \oint_C \frac{\dfrac{e^z}{z(z - i)}}{(z + i)}dz = 2\pi i \frac{e^z}{z(z - i)}\bigg|_{z = -i} = \pi i e^{-i}.$$

（3）被积函数在 C 内有两个奇点 $z = 0$，$z = 1$，在 C 内做两个很小的圆周 C_1：$|z| = r_1$ 和 C_2：$|z - 1| = r_2$，且互不相交，也互不包含，都在 C 内，由复合闭路原理得

$$\oint_C \frac{3z - 1}{z^2 - z}dz = \oint_{C_1} \frac{3z - 1}{z^2 - z}dz + \oint_{C_2} \frac{3z - 1}{z^2 - z}dz,$$

由柯西积分公式得

$$
\begin{aligned}
\oint_C \frac{3z - 1}{z^2 - z}dz &= \oint_{C_1} \frac{3z - 1}{z^2 - z}dz + \oint_{C_2} \frac{3z - 1}{z^2 - z}dz \\
&= \oint_{C_1} \frac{\dfrac{3z - 1}{z - 1}}{z}dz + \oint_{C_2} \frac{\dfrac{3z - 1}{z}}{z - 1}dz \\
&= 2\pi i \frac{3z - 1}{z - 1}\bigg|_{z = 0} + 2\pi i \frac{3z - 1}{z}\bigg|_{z = 1} = 2\pi i + 4\pi i = 6\pi i.
\end{aligned}
$$

3.3.2 高阶导数公式

通过前面的学习，掌握了解析函数的导数和积分，通过例子和练习，思考后可提出问题：解析函数的导函数是否一定为解析函数？若是，则其导函数可否用一公式来表示呢？定理3.9 对此给予了回答.

定理3.9 设 G 是以围线 C 为边界的单连通区域，若 $f(z)$ 在 G 内解析，且在 $\overline{G}$ 上连续，则 $f(z)$ 在区域 G 内有各阶导数，并且有

$$f^{(n)}(z_0) = \frac{n!}{2\pi i}\oint_C \frac{f(z)}{(z - z_0)^{n+1}}dz \quad (n = 1,2,\cdots,z_0 \in G) \tag{3.9}$$

该定理揭示了解析函数的一个深刻性质：解析函数的任意阶导数仍为解析函数. 此性质常称为解析函数的无穷可微性.

公式（3.9）的作用，不在于通过积分求导数，而是通过求导来求积分，即

$$\oint_C \frac{f(z)}{(z - z_0)^{n+1}}dz = \frac{2\pi i}{n!}f^{(n)}(z_0) \quad (n = 1,2,\cdots) \tag{3.10}$$

定理3.9 提供了计算如式（3.10）左端的积分的方法. 这类积分的特征是：积分路径是围线，被积函数为分式，它在积分路径内部只含一个奇点，且该奇点是使分母 $(z - z_0)^{n+1}$ 为零的点，而在积分路径上无被积函数的奇点.

【**例3.10**】 计算下列积分.

（1） $\oint_C \dfrac{z^3}{(z - i)^4}dz$，　$C:|z| = 3$；

（2） $\oint_C \dfrac{e^z}{(z^2 + 1)^2}dz$，　$C:|z| = 2$.

解 （1） z^3 在 C 内解析，被积函数在 C 内有奇点 i，由高阶导数公式得

$$\oint_C \frac{z^3}{(z - i)^4}dz = \frac{2\pi i}{3!}(z^3)'''\big|_{z = i} = 2\pi i.$$

（2） 被积函数在 C 内有两个奇点 $z = i$，$z = -i$，在 C 内作两个很小的圆周 C_1：$|z - i| = r_1$ 和 C_2：$|z + i| = r_2$，且互不相交，也互不包含，都在 C 内，则

$$\oint_C \frac{e^z}{(z^2 + 1)^2}dz = \oint_{C_1}\frac{e^z}{(z^2 + 1)^2}dz + \oint_{C_2}\frac{e^z}{(z^2 + 1)^2}dz$$

$$= \oint_{C_1}\frac{e^z}{(z + i)^2(z - i)^2}dz + \oint_{C_2}\frac{e^z}{(z - i)^2(z + i)^2}dz$$

$$= 2\pi i\left[\frac{e^z}{(z + i)^2}\right]'\bigg|_{z = i} + 2\pi i\left[\frac{e^z}{(z - i)^2}\right]'\bigg|_{z = -i}$$

$$= \frac{(1 - i)e^i}{2}\pi - \frac{(1 + i)e^{-i}}{2}\pi.$$

3.4 习题3

1. 沿下列路线计算积分 $\int_0^{1+i}[(x - y) + ix^2]$.

（1）从原点到 $1+\mathrm{i}$ 的直线段；

（2）从原点沿实轴到 1，再由 1 沿直线向上至 $1+\mathrm{i}$；

（3）从原点沿虚轴到 i，再由 i 沿水平方向至 $1+\mathrm{i}$.

2. 计算积分 $\displaystyle\int_{0}^{3+\mathrm{i}} z^2 \mathrm{d}z$，其中 C 为：

（1）从原点到 $3+\mathrm{i}$ 的直线段；

（2）从原点沿实轴到 3，再由 3 沿直线向上至 $3+\mathrm{i}$；

（3）从原点沿虚轴到 i，再由 i 沿水平方向至 $3+\mathrm{i}$.

3. 不用计算，验证下列积分值为零，其中 C 为单位圆周 $|z|=1$.

（1）$\displaystyle\oint_{C} \frac{1}{\cos z}\mathrm{d}z$；　　　　（3）$\displaystyle\oint_{C} \frac{\mathrm{e}^{\mathrm{i}z}}{z^2+5z+6}\mathrm{d}z$；

（2）$\displaystyle\oint_{C} \frac{1}{z^2+2z+2}\mathrm{d}z$；　　（4）$\displaystyle\oint_{C} z\cos^2 z\,\mathrm{d}z$.

4. 计算积分 $\displaystyle\oint_{C} \frac{\bar{z}}{|z|}\mathrm{d}z$，其中 C 为正向圆周.

（1）$|z|=2$；　　　　（2）$|z|=4$.

5. 沿指定曲线的正向计算下列积分.

（1）$\displaystyle\oint_{C} \frac{\mathrm{e}^z}{z-2}\mathrm{d}z,C:|z-2|=1$；

（2）$\displaystyle\oint_{C} \frac{1}{z^2-a^2}\mathrm{d}z,C:|z-a|=a,a>0$；

（3）$\displaystyle\oint_{C} \frac{\mathrm{e}^{\mathrm{i}z}}{z^2+1}\mathrm{d}z,C:|z-2\mathrm{i}|=\frac{3}{2}$；

（4）$\displaystyle\oint_{C} \frac{\cos z}{(z-\mathrm{i})^3}\mathrm{d}z,C:|z-\mathrm{i}|=2$；

（5）$\displaystyle\oint_{C} \frac{z}{(z-1)^2(2z+1)}\mathrm{d}z,C:|z|=2$.

6. 计算下列积分.

（1）$\displaystyle\int_{-2}^{-2+\mathrm{i}} (z+2)^2\mathrm{d}z$；　　　　（3）$\displaystyle\int_{0}^{\pi+2\mathrm{i}} \cos\frac{z}{2}\mathrm{d}z$；

（2）$\displaystyle\int_{0}^{1} z\sin z\,\mathrm{d}z$；　　　　　　（4）$\displaystyle\int_{-\pi\mathrm{i}}^{3\pi\mathrm{i}} \mathrm{e}^{2z}\mathrm{d}z$.

7. 计算积分 $\displaystyle\int_{0}^{2\pi a} (2z^2+8z+1)\mathrm{d}z$，其中积分路径是连接 0 到 $2\pi a$ 的摆线：

$$x = a(\theta - \sin\theta), y = a(1 - \cos\theta).$$

8. 计算积分 $\displaystyle\oint_{C_j} \frac{\sin\frac{\pi}{4}z}{z^2 - 1}\mathrm{d}z(j = 1,2,3)$：

(1) C_1：$|z + 1| = \dfrac{1}{2}$；　　　(3) C_3：$|z| = 2$.

(2) C_2：$|z - 1| = \dfrac{1}{2}$；

9. 计算积分 $\displaystyle\oint_C \frac{\mathrm{e}^z}{z}\mathrm{d}z(C: |z| = 1)$，利用结果证明：$\displaystyle\int_0^\pi \mathrm{e}^{\cos\theta}\cos(\sin\theta)\mathrm{d}\theta = \pi$.

10. 设 C 为圆周 $x^2 + y^2 = 3$，$f(z) = \displaystyle\int_C \frac{3\xi^2 + 7\xi + 1}{\xi - z}\mathrm{d}\xi$，求 $f'(1 + \mathrm{i})$.

第4章 级　　数

4.1　复级数的基本概念

4.1.1　复数项级数

复数项级数是实数项级数的推广，因而从概念、性质到结论等方面都具有相类似的结果（只是形式有所变化）．现简述如下：

设 $\{z_n\}(n=1,2,\cdots)$ 为一复数序列，称表达式

$$\sum_{n=1}^{\infty} z_n = z_1 + z_2 + \cdots + z_n + \cdots \tag{4.1}$$

为复数项无穷级数．如果它的部分和序列

$$S_n = z_1 + z_2 + \cdots + z_n \, (n=1,2,\cdots)$$

的极限 $\lim\limits_{n\to\infty} S_n = S$ 存在（S 为有限数），则称级数（4.1）是**收敛**的，S 称为级数的和；如果序列 $\{S_n\}$ 不收敛，则称级数（4.1）是**发散**的．

由复数列收敛的充分必要条件，可以得到如下结果（证明从略）．

定理 4.1　设 $z_n = x_n + \mathrm{i}y_n \, (n=1,2,\cdots)$，则级数（4.1）收敛的充要条件是实部级数 $\sum\limits_{n=1}^{\infty} x_n$ 和虚部级数 $\sum\limits_{n=1}^{\infty} y_n$ 都收敛．

这个定理将复数项级数的收敛问题转化为实数项级数的收敛问题，而由实数项级数收敛的必要条件，很容易地得到复数项级数收敛的必要条件．

定理 4.2 级数 $\sum\limits_{n=1}^{\infty} z_n$ 收敛的必要条件是 $\lim\limits_{n \to \infty} z_n = 0$.

【例 4.1】 考察级数 $\sum\limits_{n=1}^{\infty} \left(\dfrac{1}{n} + \dfrac{i}{3^n} \right)$ 的敛散性.

解 由定理 4.1 知, 只需讨论级数的实部级数 $\sum\limits_{n=1}^{\infty} \dfrac{1}{n}$ 和虚部级数 $\sum\limits_{n=1}^{\infty} \dfrac{1}{3^n}$ 的敛散性. 因为 $\sum\limits_{n=1}^{\infty} \dfrac{1}{n}$ 发散, 故原级数发散.

若级数 $\sum\limits_{n=1}^{\infty} |z_n|$ 收敛, 此时称级数 $\sum\limits_{n=1}^{\infty} z_n$ 为绝对收敛; 若级数 $\sum\limits_{n=1}^{\infty} z_n$ 收敛, 但级数 $\sum\limits_{n=1}^{\infty} |z_n|$ 发散, 则称级数 $\sum\limits_{n=1}^{\infty} z_n$ 为条件收敛.

与实数项级数相类似, 关于绝对收敛, 我们有如下结论:

定理 4.3 如果 $\sum\limits_{n=1}^{\infty} |z_n|$ 收敛, 则 $\sum\limits_{n=1}^{\infty} z_n$ 必收敛.

【例 4.2】 判定下列级数的敛散性. 若收敛, 是条件收敛还是绝对收敛?

(1) $\sum\limits_{n=0}^{\infty} \dfrac{(6+5i)^n}{8^n}$; (2) $\sum\limits_{n=1}^{\infty} \left[\dfrac{(-1)^n}{n} + \dfrac{1}{2^n}i \right]$.

解 (1) 因为 $\sum\limits_{n=0}^{\infty} \left| \dfrac{(6+5i)^n}{8^n} \right| = \sum\limits_{n=0}^{\infty} \left(\dfrac{\sqrt{61}}{8} \right)^n$, 由正项级数的比值判别法知 $\sum\limits_{n=0}^{\infty} \left(\dfrac{\sqrt{61}}{8} \right)^n$ 收敛, 故级数 $\sum\limits_{n=0}^{\infty} \dfrac{(6+5i)^n}{8^n}$ 绝对收敛.

(2) 因为 $\sum\limits_{n=1}^{\infty} \dfrac{(-1)^n}{n}, \sum\limits_{n=1}^{\infty} \dfrac{1}{2^n}$ 都收敛, 故原级数收敛, 但因 $\sum\limits_{n=1}^{\infty} \dfrac{(-1)^n}{n}$ 为条件收敛, 所以原级数为条件收敛.

4.1.2 复变函数项级数

设 $\{f_n(z)\}(n = 1, 2, \cdots)$ 为区域 D 内的复变函数列, 则称表达式

$$\sum_{n=1}^{\infty} f_n(z) = f_1(z) + f_2(z) + \cdots + f_n(z) + \cdots \qquad (4.2)$$

为复变函数项级数.

该级数的前 n 项和 $S_n(z) = \sum\limits_{i=1}^{n} f_i(z) (n = 1, 2, \cdots)$ 称为这个级数的部分和.

如果对于 D 内的某一点 z_0, 有数项级数 $\sum\limits_{n=1}^{\infty} f_n(z_0)$ 收敛, 则称 z_0 为 $\sum\limits_{n=1}^{\infty} f_n(z)$ 的一个**收敛点**, 收敛点的集合称为级数 $\sum\limits_{n=1}^{\infty} f_n(z)$ 的**收敛域**; 若级数 $\sum\limits_{n=1}^{\infty} f_n(z_0)$ 发

39

散，则称 z_0 为级数 $\sum\limits_{n=1}^{\infty} f_n(z)$ 的**发散点**，发散点的集合称为 $\sum\limits_{n=1}^{\infty} f_n(z)$ 的**发散域**. 显然，收敛域与发散域的交集等于空集，并集等于区域 D.

如果级数 $\sum\limits_{n=1}^{\infty} f_n(z)$ 在 D 内处处收敛，则其和一定是 z 的函数，记为 $S(z)$，称为 $\sum\limits_{n=1}^{\infty} f_n(z)$ 在 D 内的**和函数**，即对任意的 $z \in D$，有

$$\lim_{n \to \infty} S_n(z) = S(z) = \sum_{n=1}^{\infty} f_n(z).$$

4.1.3 幂级数及其收敛域

形如

$$c_0 + c_1 z + c_2 z^2 + \cdots = \sum_{n=0}^{\infty} c_n z^n \tag{4.3}$$

的级数，称为**幂级数**，其中 c_n 都是**复常数**.

形式上更一般的幂级数

$$c_0 + c_1(z - z_0) + c_2(z - z_0)^2 + \cdots = \sum_{n=0}^{\infty} c_n(z - z_0)^n \tag{4.4}$$

的级数为幂级数，其中 z_0，c_0，c_1，c_2，$\cdots$，c_n 均为复常数.

由于级数（4.4）可借助变换 $z - z_0 = t$ 化为式（4.3）的形式，因此，为简单起见，只讨论形如式（4.3）的级数有关问题.

对于级数，首先关心的自然是收敛范围的问题. 而对式（4.3），易知，它在点 $z = 0$ 是收敛的. 为弄清它的收敛范围，做如下讨论：

定理 4.4 若级数 $\sum\limits_{n=0}^{\infty} c_n z^n$ 在点 $a(a \neq 0)$ 收敛，则它在圆 K：$|z| < a$ 内绝对收敛.

推论 4.1 若级数 $\sum\limits_{n=0}^{\infty} c_n z^n$ 在点 $b(b \neq 0)$ 发散，则它在 $|z| > b$ 时发散.

定理 4.4 称为阿贝尔（Abel）定理. 有了阿贝尔定理及其推论便可弄清级数（4.3）的收敛范围.

首先，级数（4.3）在点 $z = 0$ 是收敛的.

其次，级数（4.3）在 $z \neq 0$ 时只有三种可能：

（1）级数（4.3）在所有的点 $z \neq 0$ 收敛 $\left(\text{如 } 1 + \dfrac{z}{1!} + \dfrac{z^2}{2!} + \cdots + \dfrac{z^n}{n!} + \cdots\right)$；

（2）级数（4.3）在所有的点 $z \neq 0$ 发散（如 $1 + 2z + 2^2 z^2 + \cdots + 2^n z^n + \cdots$）；

（3）级数（4.3）在有的点 $z \neq 0$ 收敛，同时又在有的点 $z \neq 0$ 发散. 此时，一定存在一点 $a \neq 0$，使级数（4.3）在点 a 收敛，同时，也一定存在一点 $b \neq 0$，使级数（4.3）在点 b 发散.

对于（3），可以证明：存在一个以原点为圆心，以 R 为半径的圆，使级数（4.3）在该圆内收敛（且绝对收敛），在该圆外发散.

若将该圆的圆周记作 C_R：$|z| = R$，则为了统一起见，对于（1），规定 $R = +\infty$（级数（4.3）在复平面收敛），对于（2），规定 $R = 0$（级数（4.3）仅在一点 $z = 0$ 收敛）.

总之，对于级数（4.3），总存在圆周 C_R：$|z| = R$，使得级数（4.3）在 C_R 的内部绝对收敛，在 C_R 的外部发散. 称圆 $N(0, R)$：$|z| < R$ 为级数（4.3）的收敛圆，称 R 为级数（4.3）的收敛半径.

求收敛半径的方法与高等数学中的方法一样.

定理 4.5 如果幂级数 $\sum\limits_{n=0}^{\infty} c_n z^n$ 的系数满足 $\lim\limits_{n\to\infty}\left|\dfrac{c_{n+1}}{c_n}\right|$ 存在（有限或无限），记为 ρ，则幂级数 $\sum\limits_{n=0}^{\infty} c_n z^n$ 的收敛半径为

$$R = \begin{cases} \dfrac{1}{\rho}, & \rho \neq 0,\ \rho \neq +\infty, \\ 0, & \rho = +\infty, \\ +\infty, & \rho = 0. \end{cases}$$

其中，R 为级数 $\sum\limits_{n=0}^{\infty} c_n z^n$ 的**收敛半径**.

【例 4.3】 求下列幂级数的收敛半径.

（1）$\sum\limits_{n=1}^{\infty} \dfrac{z^n}{n^3}$（并讨论在收敛圆上的情形）；

（2）$\sum\limits_{n=1}^{\infty} \dfrac{(z-2)^n}{n}$（并讨论 $z = 1$，3 的情形）.

解（1）$R = \lim\limits_{n\to\infty}\left|\dfrac{c_n}{c_{n+1}}\right| = \lim\limits_{n\to\infty}\dfrac{(n+1)^3}{n^3} = 1$，所以此级数在圆 $|z| = 1$ 内绝对收敛，在圆外发散；在收敛圆上，由于 $\sum\limits_{n=1}^{\infty}\left|\dfrac{z^n}{n^3}\right| = \sum\limits_{n=1}^{\infty}\dfrac{1}{n^3}$ 收敛，所以原级数在收敛圆上处处收敛.

（2）$R = \lim\limits_{n\to\infty}\left|\dfrac{c_n}{c_{n+1}}\right| = \lim\limits_{n\to\infty}\dfrac{n+1}{n} = 1$，当 $z = 1$ 时，级数为 $\sum\limits_{n=1}^{\infty}\dfrac{(-1)^n}{n}$，它是交错级数，根据莱布尼茨判别法知级数收敛；当 $z = 3$ 时，级数为 $\sum\limits_{n=1}^{\infty}\dfrac{1}{n}$ 是调和级数，发散.

【例 4.4】 求幂级数 $\sum\limits_{n=0}^{\infty} z^n$ 的收敛域及和函数.

解　易知 $\sum\limits_{n=0}^{\infty} z^n$ 的收敛圆为 $|z| = 1$，且在收敛圆 $|z| = 1$ 上发散，故 $\sum\limits_{n=0}^{\infty} z^n$ 在 $|z| < 1$ 内收敛.

$$S(z) = \lim_{n \to \infty} S_n(z) = \lim_{n \to \infty} (1 + z + \cdots + z^{n-1})$$

$$= \lim_{n \to \infty} \frac{1 - z^n}{1 - z} = \frac{1}{1 - z} \quad (|z| < 1),$$

即幂级数 $\sum\limits_{n=0}^{\infty} z^n$ 在 $|z| < 1$ 内的和函数为 $\dfrac{1}{1-z}$，或者说 $\dfrac{1}{1-z}$ 在 $|z| < 1$ 内可表示为幂级数 $\sum\limits_{n=0}^{\infty} z^n$.

由以上讨论知道，对于级数（4.3），总有一个收敛圆存在，使得该级数在此圆内收敛. 其和函数在收敛圆内是否解析呢？

其实，像实变幂级数一样，复变幂级数也能进行有理运算，并且具有分析运算性质.

定理 4.6　（1）设 $f(z) = \sum\limits_{n=0}^{\infty} a_n z^n$，收敛半径为 R_1，$g(z) = \sum\limits_{n=0}^{\infty} b_n z^n$，收敛半径 R_2，则在 $|z| < R = \min\{R_1, R_2\}$ 内，

$$f(z) \pm g(z) = \sum_{n=0}^{\infty} a_n z^n \pm \sum_{n=0}^{\infty} b_n z^n = \sum_{n=0}^{\infty} (a_n \pm b_n) z^n.$$

（2）幂级数的和函数在其收敛圆内是解析函数.

（3）幂级数在其收敛圆内可逐项求导或逐项积分，即

$$\left(\sum_{n=0}^{\infty} c_n z^n \right)' = \sum_{n=0}^{\infty} (c_n z^n)' = \sum_{n=0}^{\infty} n c_n z^{n-1};$$

$$\int_0^z \left(\sum_{n=0}^{\infty} c_n z^n \right) \mathrm{d}z = \sum_{n=0}^{\infty} \int_0^z c_n z^n \mathrm{d}z = \sum_{n=0}^{\infty} \frac{c_n}{n+1} z^{n+1},$$

且可逐项求导或逐项积分后的新级数与原级数具有相同的收敛半径.

【例 4.5】　求幂级数 $\sum\limits_{n=0}^{\infty} \dfrac{1}{n+1} z^{n+1}$ 在收敛圆内的和函数.

解　易知，此级数的收敛圆为 $|z| = 1$. 设

$$S(z) = \sum_{n=0}^{\infty} \frac{1}{n+1} z^{n+1} \quad (|z| < 1),$$

逐项求导得

$$S'(z) = \sum_{n=0}^{\infty} z^n = \frac{1}{1-z} \quad (|z| < 1),$$

两边从 0 到 $z(|z| < 1)$ 积分得

$$S(z) = \int_0^z \frac{1}{1-z}\mathrm{d}z = -\ln(1-z)\,(|z|<1).$$

4.2 泰勒级数与洛朗级数

在上一节中，我们知道：幂级数只要其收敛半径不为零，其和函数在其收敛圆内为一解析函数. 此时，读者自然会问：一个解析函数是否一定可以表示成幂级数？本节就来讨论这个问题.

4.2.1 泰勒级数及展开方法

1. 泰勒级数

定理 4.7 设函数 $f(z)$ 在区域 G 内解析，任取一点 $a\in G$，圆 K：$|z-a|<R$ 含于 G（见图 4.1），则 $f(z)$ 在 K 内能展开成幂级数

$$f(z) = \sum_{n=0}^{\infty} c_n (z-a)^n, \tag{4.5}$$

其中系数

$$c_n = \underset{\text{（积分形式）}}{\frac{1}{2\pi i}\int_{c_\rho} \frac{f(\xi)}{(\xi-a)^{n+1}}\mathrm{d}\xi} = \underset{\text{（微分形式）}}{\frac{f^{(n)}(a)}{n!}} \tag{4.6}$$

$$(c_\rho: |\xi-a|=\rho,\quad 0<\rho<R\quad ;n=0,1,\cdots)$$

且上述展式是唯一的.

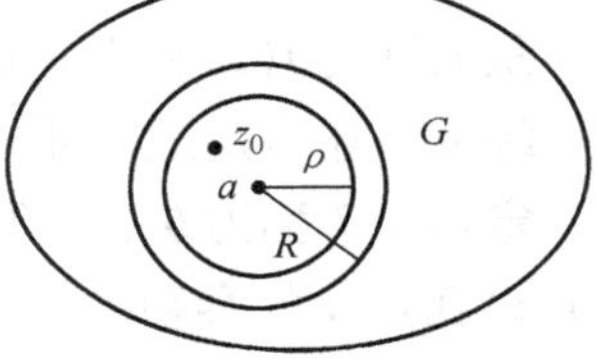

图 4.1

证 设 z_0 为 K 内任意一点，作 c_ρ：$|z-a|=\rho(0<\rho<R)$ 使 z_0 含于 c_ρ 内部. 由柯西积分公式有

$$f(z_0) = \frac{1}{2\pi i}\int_{c_\rho}\frac{f(z)}{z-a}\mathrm{d}z.$$

由于当 $z\in c_\rho$ 时，有 $\left|\frac{z_0-a}{z-a}\right|<1$，所以

$$\frac{1}{z-z_0} = \frac{1}{z-a-(z_0-a)} = \frac{1}{(z-a)\left(1-\frac{z_0-a}{z-a}\right)} = \sum_{n=0}^{\infty}\frac{(z_0-a)^n}{(z-a)^{n+1}}. \tag{4.7}$$

上式右端是一无穷等比级数，其一般项的模是

$$\left|\frac{(z_0-a)^n}{(z-a)^{n+1}}\right| = \frac{1}{\rho}q^n.$$

由于 $q=\left|\frac{z_0-a}{z-a}\right|<1$，所以级数 $\sum\limits_{n=0}^{\infty}\frac{1}{\rho}q^n$ 收敛，故级数 $\sum\limits_{n=0}^{\infty}\frac{(z_0-a)^n}{(z-a)^{n+1}}$ 收敛.

于是

$$\begin{aligned} f(z_0) &= \frac{1}{2\pi i}\int_{c_\rho}\frac{f(z)}{z-a}\mathrm{d}z = \sum_{n=0}^{\infty}\left[\frac{1}{2\pi i}\oint_{c_\rho}\frac{f(z)}{(z-a)^{n+1}}\mathrm{d}z\right](z_0-a)^n \\ &= \sum_{n=0}^{\infty} c_n (z_0-a)^n, \end{aligned}$$

其中，$c_n = \dfrac{1}{2\pi i}\displaystyle\int_{c_\rho} \dfrac{f(\xi)}{(\xi - a)^{n+1}}\mathrm{d}\xi\,(c_\rho:|\xi - a| = \rho,\,0 < \rho < R;n = 0,1,\cdots)$.

进一步地，由解析函数的高阶导数公式可知 $c_n = \dfrac{f^{(n)}(a)}{n!}$.

由点 z_0 在 K 内的任意性，定理的前一部分得证.

再证定理的后一部分. 设另有展开式

$$f(z) = \sum_{n=0}^{\infty} c'_n (z - a)^n (z \in K),$$

两边逐项求导，并令 $z = a$，可得系数 $c'_n = \dfrac{f^{(n)}(a)}{n!}(n = 0,1,2,\cdots)$，

从而证得 $f(z)$ 在 K 内的展式是唯一的.

综上所述，定理得证.

定理 4.7 称为泰勒（Taylor）定理，式（4.6）确定的式（4.5）的右端称为函数 $f(z)$ 在点 a 的泰勒级数，其中的 $c_n(n = 0,1,2,\cdots)$ 称为 $f(z)$ 的泰勒系数.

泰勒定理的重要性在于它圆满地解决了以下两个问题：

（1）解决了将解析函数展成幂级数的三个基本理论问题：一是在何处可以展开；二是如何展开；三是展式是否唯一.

（2）解决了解析函数与幂级数是否等价的问题. 泰勒定理与定理 4.6 一起可得解析函数的又一等价条件：函数 $f(z)$ 在区域 G 内解析的充分必要条件是，$f(z)$ 在 G 内任意一点 a 的某个邻域内可展成幂级数为

$$f(z) = \sum_{n=0}^{\infty} c_n (z - a)^n,\, c_n = \dfrac{f^{(n)}(a)}{n!}(n = 0,1,2\cdots).$$

幂级数的收敛半径与幂级数的和函数有无联系呢？推论 4.2 对此做了回答.

推论 4.2　若函数 $f(z)$ 在区域 G 内解析，a 为 G 内一定点，C 为 G 的边界，$R = \min\limits_{z \in C}|z - a|$，则当 $|z - a| < R$ 时，有

$$f(z) = \sum_{n=0}^{\infty} \dfrac{f^{(n)}(a)}{n!}(z - a)^n.$$

2. 将函数展开成幂级数的方法

上述定理本身提供了一种展开方法，即求出 $f^{(n)}(a)$ 代入即可，这种方法称为直接展开法，与实函数的幂级数直接展开法相类似，我们可以得到一些基本展开公式：

$$\dfrac{1}{1 + z} = \sum_{n=0}^{\infty} (-1)^n z^n (|z| < 1);$$

$$\mathrm{e}^z = \sum_{n=0}^{\infty} \dfrac{z^n}{n!}(|z| < +\infty);$$

$$\sin z = \sum_{n=0}^{\infty} \frac{(-1)^n z^{2n+1}}{(2n+1)!} (|z| < +\infty);$$

$$\cos z = \sum_{n=0}^{\infty} \frac{(-1)^n z^{2n}}{(2n)!} (|z| < +\infty).$$

由于当 $f(z)$ 较复杂时，求 $f^{(n)}(a)$ 比较麻烦，因此我们通常用间接展开法，即利用基本展开公式及幂级数的代数运算、代换、逐项求导或逐项积分等将函数展开成幂级数的方法.

【例 4.6】 将函数 $f(z) = \ln(1+z)$ 在 $z_0 = 0$ 处展开成幂级数.

解 因为 $[\ln(1+z)]' = +\frac{1}{1-z} = +\sum_{n=0}^{\infty}(-1)^n z^n (|z| < 1)$，所以

$$\ln(1+z) = \int_0^z \frac{1}{1+z} \mathrm{d}z = \sum_{n=0}^{\infty} \int_0^z (-1)^n z^n \mathrm{d}z$$

$$= \sum_{n=0}^{\infty} (-1)^n \frac{z^{n+1}}{n+1} (|z| < 1).$$

【例 4.7】 将函数 $\frac{1}{(1-z)^2}$ 在 $z_0 = 0$ 处展开成幂级数.

解 $\frac{1}{(1+z)^2} = -\left(\frac{1}{1+z}\right)' = -\left(\sum_{n=0}^{\infty}(-1)^n z^n\right)'$

$$= \sum_{n=0}^{\infty}(-1)^n n z^{n-1}, (|z| < 1).$$

【例 4.8】 将函数 $f(z) = \frac{z}{z+1}$ 在 $z_0 = 1$ 处展开成幂级数.

解 $f(z) = \frac{z}{z+1} = 1 - \frac{1}{z+1} = 1 - \frac{1}{(z-1)+2}$

$$= 1 - \frac{1}{2} \cdot \frac{1}{1+\frac{z-1}{2}} = 1 - \frac{1}{2} \sum_{n=0}^{\infty}(-1)^n \left(\frac{z-1}{2}\right)^n$$

$$= 1 - \sum_{n=0}^{\infty}(-1)^n \frac{(z-1)^n}{2^{n+1}} (|z-1| < 2).$$

4.2.2 洛朗级数及展开方法

我们已经知道，若函数 $f(z)$ 在圆域 $|z-a| < R$ 内解析，则 $f(z)$ 在点 a 可展开成幂级数，且由定理 4.7 知，当 $f(z)$ 在 a 处不解析时，则 $f(z)$ 在点 a 肯定不能展开成幂级数. 那么，如果我们挖去不解析的点 a，函数 $f(z)$ 在解析域 $R_1 < |z-a| < R_2$ 内是否可展开成幂级数呢？这就是我们下面要讨论的问题——洛朗级数. 它和泰勒级数一样，都是研究函数的有力的工具.

45

1. 洛朗级数

定义 4.1　形如

$$\sum_{n=-\infty}^{+\infty} c_n (z-a)^n = \cdots + c_{-n}(z-a)^{-n} + \cdots + c_{-1}(z-a)^{-1} + c_0 + c_1(z-a) +$$

$\cdots + c_n (z-a)^n + \cdots$ 的级数称为洛朗级数，其中 $a, c_n (n = 0, 1, 2, \cdots)$ 都是复常数.

由于这种级数没有首项，所以对它的敛散性不能像前面讨论的幂级数那样用前 n 项和的极限来定义，但不难看出洛朗级数是双边幂级数，它是由正幂项（包括常数项）级数

$$\sum_{n=0}^{\infty} c_n (z-a)^n \tag{4.8}$$

和负幂项级数

$$\sum_{n=-\infty}^{-1} c_n (z-a)^n = \sum_{n=1}^{\infty} c_{-n}(z-a)^{-n} \tag{4.9}$$

两部分组成. 因此，我们可以用它的正幂项级数（4.8）和负幂项级数（4.9）的敛散性来定义原级数的敛散性. 我们规定：当且仅当正幂项级数和负幂项级数都收敛时，原级数收敛，并且把原幂级数看成是正幂项级数和负幂项级数的和.

对于正幂项级数 $\sum_{n=0}^{\infty} c_n (z-a)^n$，它是一个通常的幂级数，其收敛域是一个圆域. 设它的收敛半径为 R_2，则当 $|z-a| < R_2$ 时，该级数收敛；当 $|z-a| > R_2$ 时，该级数发散.

而负幂项级数 $\sum_{n=1}^{\infty} c_{-n}(z-a)^{-n}$ 是一个新型的级数. 如果令 $\xi = (z-a)^{-1}$，那么就得到

$$\sum_{n=1}^{\infty} c_{-n}(z-a)^{-n} = \sum_{n=1}^{\infty} c_{-n}\xi^n = c_{-1}\xi + c_{-2}\xi^2 + \cdots + c_{-n}\xi^n + \cdots.$$

它是一个通常的幂级数. 设它的收敛半径为 $\dfrac{1}{R_1}$，则当 $|\xi| < \dfrac{1}{R_1}$ 时，级数收敛；当 $|\xi| > \dfrac{1}{R_1}$ 时，级数发散. 因此，要判定负幂项级数 $\sum_{n=1}^{\infty} c_{-n}(z-a)^{-n}$ 的收敛范围，只需把 ξ 用 $(z-a)^{-1}$ 代回去就可以了. 事实上，由 $|\xi| < \dfrac{1}{R_1}$，得 $|(z-a)^{-1}| < \dfrac{1}{R_1}$，即 $|z-a| > R_1$，所以负幂项级数在 $|z-a| > R_1$ 内收敛，在 $|z-a| < R_1$ 内发散.

综上可知：

（1）当 $R_1 < R_2$ 时，洛朗级数在它的正幂项级数和负幂项级数的收敛域的公共部分 $R_1 < |z-a| < R_2$ 内收敛；在圆环外发散；而在圆环上，可能有些点收敛，有些点发散.

（2）当 $R_1 \geqslant R_2$ 时，正幂项级数和负幂项级数收敛域的交集等于空集，此时原级数发散.

因此，洛朗级数的收敛域为圆环域：$R_1 < |z-a| < R_2$. 顺便指出，在特殊情形下，圆环域的内半径 R_1 可能为 0，外半径 R_2 可能是无穷大.

和幂级数一样，洛朗级数在收敛圆环内可逐项求导、逐项积分，且和函数在收敛圆环内是解析函数. 那么，反过来，任给一个在圆环内（或去心邻域内）解析的函数，它能否在该圆环内展开成洛朗级数呢？回答是肯定的，我们有如下定理：

定理 4.8 设函数 $f(z)$ 在圆环域 $R_1 < |z-a| < R_2$ 内解析，则在此圆环域内 $f(z)$ 必可展开成洛朗级数

$$f(z) = \sum_{n=-\infty}^{+\infty} c_n (z-a)^n,$$

其中，$c_n = \dfrac{1}{2\pi i} \oint_C \dfrac{f(z)}{(z-a)^{n+1}} \mathrm{d}z (n = 0, \pm 1, \pm 2, \cdots), C: |z-a| = R (R_1 < R < R_2)$，逆时针方向，且展开式是唯一的.

洛朗定理的重要意义在于它回答了将函数展成洛朗级数的三个基本问题：一是回答了在何处可展的问题，二是回答了如何展开的问题，三是回答了展开式是否唯一的问题.

2. 展开方法

定理 4.8 本身提供了一种将在圆环域内解析的函数展开成洛朗级数的方法，即求出 c_n 代入即可，这种方法称为直接展开法. 但是当函数复杂时，求 c_n 是一件十分麻烦的事，由于在给定圆环域内的解析函数，它的展开式是唯一的，所以常常采用间接展开法，即利用基本展开公式以及逐项求导、逐项积分、代换等将函数展成洛朗级数的方法. 将函数展成洛朗级数，通常有两种给出问题的方式：

（1）已知函数 $f(z)$ 及圆环 $R_1 < |z-a| < R_2$，求将函数 $f(z)$ 在该圆环内展成洛朗级数.

（2）已知函数 $f(z)$ 及点 a，求将 $f(z)$ 在点 a 的去心邻域内展成洛朗级数. 此时也说成"将 $f(z)$ 在点 a 展成洛朗级数".

关于（1），首先，需验证 $f(z)$ 在圆环 $R_1 < |z-a| < R_2$ 内解析. 其次，再设法展开.

关于（2），首先，需确定使 $f(z)$ 在其中解析的点 a 的去心邻域 $0 < |z-a| < R$，即确定 R. 此时，总是取使 $f(z)$ 在其中解析的最大的去心邻域. 为此，只需取 $R = |a-b|$ 即可，这里的 $b(\neq 0)$ 是函数 $f(z)$ 的离 a 最近的奇点.

【例 4.9】 试将函数 $f(z) = \dfrac{1}{(z-1)(z-2)}$ 在下列圆环内展开成洛朗级数.

（1）$0 < |z| < 1$；　　　　　　（2）$1 < |z| < 2$；

（3）$2 < |z| < +\infty$；　　　　　（4）$0 < |z-1| < 1$.

解　（1）$f(z) = \dfrac{1}{z-2} - \dfrac{1}{z-1} = \dfrac{1}{1-z} - \dfrac{1}{2} \dfrac{1}{1-\frac{z}{2}}$，由于 $|z| < 1$，从而 $\left|\dfrac{z}{2}\right| < 1$，

47

利用

$$\frac{1}{1-z} = 1 + z^2 + \cdots + z^n + \cdots \quad (|z| < 1),$$

可得

$$\frac{1}{2}\frac{1}{1-\frac{z}{2}} = \frac{1}{2}\left(1 + \frac{z}{2} + \frac{z^2}{2^2} + \cdots + \frac{z^n}{2^n} + \cdots\right)\left(\left|\frac{z}{2}\right| < 1\right),$$

所以

$$f(z) = (1 + z + z^2 + \cdots + z^n + \cdots) - \frac{1}{2}\left(1 + \frac{z}{2} + \frac{z^2}{2^2} + \cdots + \frac{z^n}{2^n} + \cdots\right)$$

$$= \frac{1}{2} + \frac{3}{4}z + \frac{7}{8}z^2 + \cdots (0 < |z| < 1),$$

结果中不含 z 的负幂项，原因在于 $f(z) = \dfrac{1}{(z-1)(z-2)}$ 在 $|z| < 1$ 内是解析的.

(2) 由于 $1 < |z| < 2$，从而 $\left|\dfrac{1}{z}\right| < 1$，$\left|\dfrac{z}{2}\right| < 1$，所以

$$f(z) = \frac{1}{z-2} - \frac{1}{z-1} = -\frac{1}{2}\frac{1}{1-\frac{z}{2}} - \frac{1}{z}\frac{1}{1-\frac{1}{z}}$$

$$= -\frac{1}{2}\left(1 + \frac{z}{2} + \frac{z^2}{2^2} + \cdots\right) - \frac{1}{z}\left(1 + \frac{1}{z} + \frac{1}{z^2} + \cdots\right)$$

$$= \cdots - \frac{1}{z^n} - \frac{1}{z^{n-1}} - \cdots - \frac{1}{z} - \frac{1}{2} - \frac{z}{4} - \frac{z^2}{8} - \cdots (1 < |z| < 2).$$

(3) 由于 $|z| > 2$，所以 $\left|\dfrac{2}{z}\right| < 1$，$\left|\dfrac{1}{z}\right| < \left|\dfrac{2}{z}\right| < 1$，所以

$$f(z) = \frac{1}{z-2} - \frac{1}{z-1} = \frac{1}{z}\frac{1}{1-\frac{2}{z}} - \frac{1}{z}\frac{1}{1-\frac{1}{z}}$$

$$= \frac{1}{z}\left(1 + \frac{2}{z} + \frac{2^2}{z^2} + \cdots\right) - \frac{1}{z}\left(1 + \frac{1}{z} + \frac{1}{z^2} + \cdots\right)$$

$$= \frac{1}{z^2} + \frac{3}{z^3} + \frac{7}{z^4} + \cdots (|z| > 2).$$

(4) 由 $0 < |z-1| < 1$ 可知，展开的级数形式应为 $\displaystyle\sum_{n=-\infty}^{+\infty} c_n (z-1)^n$，所以

$$f(z) = \frac{1}{z-2} - \frac{1}{z-1} = -\frac{1}{1-(z-1)} - \frac{1}{z-1}$$

$$= -\sum_{n=0}^{\infty} (z-1)^n - \frac{1}{z-1}(0 < |z-1| < 1).$$

【例 4.10】 试将函数 $f(z) = \dfrac{1}{(z-2)(z-3)^2}$ 在 $0 < |z-2| < 1$ 内展开成洛朗

级数.

解 因在 $0 < |z-2| < 1$ 内展开, 所以展开的级数形式应为 $\sum\limits_{n=-\infty}^{+\infty} c_n (z-2)^n$.

因为

$$\frac{1}{z-3} = \frac{1}{(z-2)-1} = -\frac{1}{1-(z-2)}$$

$$= -\sum_{n=0}^{\infty} (z-2)^n \, (|z-2| < 1).$$

而

$$\frac{1}{(z-3)^2} = -\left(\frac{1}{z-3}\right)' = \left[\sum_{n=0}^{\infty} (z-2)^n\right]'$$

$$= 1 + 2(z-2) + \cdots + n(z-2)^{n-1} + \cdots (|z-2| < 1).$$

所以

$$f(z) = \frac{1}{(z-2)} \cdot \frac{1}{(z-3)^2}$$

$$= \frac{1}{z-2} + 2 + 3(z-2) + \cdots + n(z-2)^{n-2} + \cdots$$

$$= \sum_{n=1}^{+\infty} n(z-2)^{n-2} \, (0 < |z-2| < 1).$$

【例 4.11】 试将函数 $f(z) = \dfrac{1}{z(z+2)^3}$ 在下列区域内展开成洛朗级数.

(1) $0 < |z| < 2$;   (2) $0 < |z+2| < 2$;   (3) $2 < |z| < +\infty$.

解 (1) 在 $0 < |z| < 2$ 内,

$$f(z) = \frac{1}{z(z+2)^3} = \frac{1}{8z}\left(1 + \frac{z}{2}\right)^{-3} = \frac{1}{4z}\left(\frac{1}{1+\frac{z}{2}}\right)''$$

$$= \frac{1}{4z}\left[\sum_{n=0}^{\infty}\left(-\frac{z}{2}\right)\right]'' = \sum_{n=-1}^{\infty} (-1)^{n+1} (n+3)(n+2)\frac{z^n}{2^{n+5}}.$$

(2) 在 $0 < |z+2| < 2$ 内,

$$f(z) = \frac{1}{z(z+2)^3} = \frac{-1}{2(z+2)^3\left(1-\frac{z+2}{2}\right)} = -\frac{1}{2(z+2)^3}\sum_{n=0}^{\infty}\left(\frac{z+2}{2}\right)^n$$

$$= -\sum_{n=0}^{\infty} \frac{1}{2^{n+1}} (z+2)^{n-3}.$$

(3) 在 $2 < |z| < +\infty$ 内,

$$f(z) = \frac{1}{z(z+2)^3} = \frac{1}{2z}\left(\frac{1}{z+2}\right)'' = \frac{1}{2z}\left[\frac{1}{z}\sum_{n=0}^{\infty}\left(-\frac{2}{z}\right)^n\right]''$$

$$= \sum_{n=0}^{\infty} \frac{(-)^n 2^{n-1} (n+1)(n+2)}{z^{n+4}}.$$

应当注意, 给定了函数 $f(z)$ 与复平面内一点 z_0 以后, 由于这个函数可以在以 z_0

为中心的（由奇点隔开的）不同圆环域内解析，因而在各个不同的圆环域内有不同的洛朗级数展开式．我们不要把这种情形与洛朗展开式的唯一性混淆，我们知道，所谓洛朗展开式的唯一性是指函数在某一个给定的圆环域内的洛朗展开式是唯一的．

4.3　习题 4

1. 讨论下列复数列的敛散性．

(1) $\alpha_n = \dfrac{1 + n\mathrm{i}}{1 - n\mathrm{i}}$；　(2) $\alpha_n = \left(1 + \dfrac{\mathrm{i}}{2}\right)^{-n}$；　(3) $\alpha_n = (-1)^n + \dfrac{\mathrm{i}}{n + 1}$．

2. 判断下列级数的敛散性，若收敛，指出是绝对收敛，还是条件收敛．

(1) $\displaystyle\sum_{n=0}^{\infty} \dfrac{(3 + 5\mathrm{i})^n}{n!}$；　(2) $\displaystyle\sum_{n=1}^{\infty} \left(1 + \dfrac{\mathrm{i}}{5}\right)^n$；　(3) $\displaystyle\sum_{n=0}^{\infty} \dfrac{(8\mathrm{i})^n}{n!}$．

3. 求下列幂级数的收敛半径．

(1) $\displaystyle\sum_{n=1}^{\infty} \dfrac{z^n}{n^2}$；　　(2) $\displaystyle\sum_{n=0}^{\infty} (1 + \mathrm{i})^n z^n$；　　(3) $\displaystyle\sum_{n=0}^{\infty} \dfrac{z^n}{n!}$；

(4) $\displaystyle\sum_{n=1}^{\infty} \dfrac{(z - 2)^n}{n}$；　(5) $\displaystyle\sum_{n=0}^{\infty} \dfrac{z^{2n+1}}{2n + 1}$．

4. 将下列函数在指定点展开成幂级数，并指出收敛域．

(1) $\dfrac{z - 1}{z + 1}$ 在 $z = 1$ 处；　　　　　(2) e^{z+1} 在 $z = 1$ 处；

(3) $\dfrac{1}{z^2 - 5z + 6}$ 在 $z = 1$ 处；　　(4) $\sin^2 z$ 在 $z = 0$ 处；

(5) $\displaystyle\int_0^z \mathrm{e}^{z^2}\,\mathrm{d}z$ 在 $z = 0$ 处；　　(6) $\dfrac{z - 1}{(1 + z)^2}$ 在 $z = 0$ 处．

5. 假设函数 $f(z) = \mathrm{e}^{z^2}$，则 $f^{(2n)}(0) = \dfrac{(2n)!}{n!}$．试不用直接求导计算（提示：用泰勒展开式）．

6. 求下列函数在指定圆环域的洛朗展开式．

(1) $\dfrac{z - 1}{(z - 2)(z + 3)}$ 在 $2 < |z| < 3$ 内；

(2) $\dfrac{z - 1}{z^2}$ 在 $|z - 1| > 1$ 内；

(3) $\sin \dfrac{z}{z + 1}$ 在 $0 < |z + 1| < +\infty$ 内；

(4) $\dfrac{1}{z(z^2 + 1)}$ 分别在 $0 < |z| < 1$ 与 $1 < |z - \mathrm{i}| < 2$ 内；

(5) $\dfrac{1}{z(z + 2)^3}$ 在 $0 < |z + 2| < 2$ 内．

第5章　留数及其应用

教学提示：留数是复积分与复级数理论相结合的产物，在复变函数及其实际应用中非常重要，它与计算围线积分相关的问题有着密切的关系. 本章的中心问题是留数定理，通过本章的学习可以看到，前面的积分定理、积分公式都是留数定理的特殊情况，在计算比较复杂的某些实积分时，用留数理论来解决会变得相对简单. 在本章中，首先以洛朗级数为工具对解析函数的孤立奇点进行分类，然后在此基础上引入留数的概念，建立留数的计算方法及留数定理，最后介绍留数定理的一些应用.

教学目标：了解函数在孤立奇点留数的概念；掌握并能熟练应用留数定理；掌握留数的计算，尤其要熟悉较低阶极点处留数的计算；能用留数来计算三种标准类型的定积分.

5.1 解析函数在孤立奇点的性质

5.1.1 孤立奇点的定义

把函数不解析的点称为函数的奇点. 例如 $z=0$ 是 $f(z)=\dfrac{1}{z}$，$g(z)=\dfrac{1}{\sin\frac{1}{z}}$ 的奇点，但是细心的读者会发现这两个函数的奇点具有如下不同的特征：对 $f(z)=\dfrac{1}{z}$ 来说，除了 $z=0$ 这个奇点外，在它的周围任一去心邻域 $0<|z|<R$ 内，$f(z)$ 处处解析，不再有别的奇点；而对于 $g(z)$ 来说，无论取 $z=0$ 的多么小的去心邻域 $0<|z|<\delta$，在其内仍存在 $g(z)$ 的奇点. 事实上，$z_n=\dfrac{1}{n\pi}(n=1,2,\cdots)$ 是 $g(z)$ 的奇点，且 $n\to\infty$ 时 $z_n\to0$，即 z_n 可存在于 $z=0$ 的无论多么小的去心邻域之中，换句话说，$z=0$ 不是 $g(z)$ 的孤立奇点. 一般地，我们有如下定义：

定义　设函数 $f(z)$ 在 z_0 处不解析，但在 z_0 的某一去心邻域处处解析，则称 z_0 为函数 $f(z)$ 的孤立奇点.

根据定义，点 $z=0$ 是函数 $\dfrac{\sin z}{z}$，$e^{\frac{1}{z}}$ 与 $\dfrac{e^z}{z^2}$ 的孤立奇点，函数 $f(z)=\dfrac{1}{(z-i)(z+1)}$ 有 $z_1=i$ 和 $z_2=-1$ 两个孤立奇点，而 $z=0$ 是函数 $\dfrac{1}{\sin\frac{1}{z}}$ 的奇点，但不是孤立奇点.

事实上，若函数 $f(z)$ 仅有有限个奇点，或有可列个奇点，则其每一个奇点都是 $f(z)$ 的孤立奇点.

可以看出，孤立奇点是奇点中一种最简单的情形，但却是重要的. 根据上一章介绍的洛朗展开式，我们就会发现将函数在圆环域内展开成洛朗级数，实际上都是在孤立奇点处展开的，而且有些展开式中不含有负幂项，有些仅含有限个负幂项，有些含有无穷多个负幂项. 因此，我们就可以利用洛朗展开式的含有的负幂项个数不同来对孤立奇点做如下分类：

5.1.2　孤立奇点的分类

设 z_0 为函数 $f(z)$ 的孤立奇点，那么必存在 z_0 的一个去心邻域 $0 < |z - z_0| < \delta$，使得 $f(z)$ 在 $0 < |z - z_0| < \delta$ 内处处解析，于是 $f(z)$ 在 $0 < |z - z_0| < \delta$ 内可展开成洛朗级数

$$
\begin{aligned}
f(z) &= \sum_{n=-\infty}^{+\infty} c_n (z - z_0)^n \\
&= \sum_{n=0}^{+\infty} c_n (z - z_0)^n + \sum_{n=1}^{+\infty} c_{-n} (z - z_0)^{-n}.
\end{aligned} \tag{5.1}
$$

1. 可去奇点

当洛朗展开式 (5.1) 中不含 $z - z_0$ 的负幂项，即 $c_{-n} = 0$（$n = 1, 2, \cdots$），则称 z_0 为 $f(z)$ 的**可去奇点**.

例如 $\dfrac{\sin z}{z} = \dfrac{1}{z}\left(z - \dfrac{z^3}{3!} + \dfrac{z^5}{5!} - \cdots\right) = 1 - \dfrac{z^2}{3!} + \dfrac{z^4}{5!} - \cdots$（$0 < |z| < \delta$），因为展开式中不含负幂项，故点 $z = 0$ 是 $\dfrac{\sin z}{z}$ 的可去奇点. 如果我们补充 $\dfrac{\sin z}{z}$ 在 $z = 0$ 处的值为 1（即 c_0），那么 $\dfrac{\sin z}{z}$ 在 $z = 0$ 处就变成解析的了，也正是由于这个原因，所以这类奇点称为可去奇点.

2. 极点

当洛朗展开式 (5.1) 中只含有限个 $z - z_0$ 的负幂项，则称点 z_0 为 $f(z)$ 的极点. 所有负幂项中的最高幂为 $(z - z_0)^{-m}$ 时，则称 z_0 为 $f(z)$ 的 m 阶极点. 此时，$f(z)$ 可表示为

$$
f(z) = \frac{1}{(z - z_0)^m} g(z),
$$

其中，$g(z) = c_{-m} + c_{-m+1}(z - z_0) + c_{-m+2}(z - z_0)^2 + \cdots$.

当 $m = 1$ 时，称点 z_0 为 $f(z)$ 的一阶极点或单极点.

例如，$z = 0$ 是函数 $f(z) = \dfrac{e^z}{z^2}$ 的二阶极点，因为

$$
f(z) = \frac{e^z}{z^2} = \frac{1}{z^2}\left(1 + z + \frac{z^2}{2!} + \frac{z^3}{3!} + \cdots\right) = z^{-2} + z^{-1} + \frac{1}{2!} + \frac{z}{3!} + \frac{z^2}{4!} + \cdots
$$

中含有限个（2 个）负幂项，且 z^{-1} 的最高次幂为 2.

又如，$z = 0$ 是函数 $f(z) = \dfrac{e^z - 1}{z^2}$ 的一阶极点，因为

$$f(z) = \frac{e^z - 1}{z^2} = \frac{1}{z^2}\left(z + \frac{z^2}{2!} + \frac{z^3}{3!} + \cdots\right)$$

$$= z^{-1} + \frac{1}{2!} + \frac{z}{3!} + \cdots$$

中含有限个（1 个）负幂项，且 z^{-1} 的最高次幂为 1.

顺便指出，我们把使解析函数 $f(z)$ 等于零的点 z_0 称为 $f(z)$ 的零点，而且若 $f(z)$ 能表示成

$$f(z) = (z - z_0)^m g(z),$$

其中 $g(z)$ 在 z_0 处解析且 $g(z_0) \neq 0$，m 为某一正整数，则 z_0 为 $f(z)$ 的 m 阶零点. 不难发现，零点与极点具有如下关系：

若函数 $f(z)$ 在 z_0 解析，则 z_0 是 $f(z)$ 的 m 阶零点的充要条件是

$$f^{(n)}(z_0) = 0 \,(n = 0, 1, 2, \cdots, m - 1), \ f^{(m)}(z_0) \neq 0.$$

点 z_0 为 $f(z)$ 的 m 阶极点的充要条件是点 z_0 为 $\dfrac{1}{f(z)}$ 的 m 阶零点.

用此结论也可以求出函数的极点及判定极点的阶数.

3. 本性奇点

当洛朗展开式（5.1）中含有无穷多个 $z - z_0$ 的负幂项时，则称点 z_0 为 $f(z)$ 的**本性奇点**.

例如，$z = 0$ 是函数 $f(z) = e^{\frac{1}{z}}$ 的本性奇点，因为

$$e^{\frac{1}{z}} = 1 + z^{-1} + \frac{1}{2!}z^{-2} + \cdots + \frac{1}{n!}z^{-n} + \cdots$$

中含无穷多个负幂项.

5.1.3 孤立奇点类型的极限判别法

根据函数展开成洛朗级数判定孤立奇点的类型是比较麻烦的. 下面我们研究孤立奇点类型的极限特征，进而建立一种极限判别法.

若 z_0 为 $f(z)$ 的可去奇点，则洛朗展开式中不含负幂项，即

$$f(z) = c_0 + c_1(z - z_0) + c_2(z - z_0)^2 + \cdots,$$

显然

$$\lim_{z \to z_0} f(z) = c_0 \ （有限值）.$$

若 z_0 为 $f(z)$ 的 m 阶极点，则洛朗展开式中只含有限个负幂项，且最高负幂项的系数 $c_{-m} \neq 0$，即

$$f(z) = c_{-m}(z - z_0)^{-m} + c_{-m+1}(z - z_0)^{-m+1} + \cdots +$$

$$c_{-1}(z - z_0)^{-1} + c_0 + c_1(z - z_0) + c_2(z - z_0)^2 + \cdots$$

$$= \frac{1}{(z - z_0)^m} g(z).$$

其中 $g(z) = c_{-m} + c_{-m+1}(z - z_0) + \cdots$ 在 $|z - z_0| < \delta$ 内解析，且 $g(z_0) = c_{-m} \neq 0$. 显然

$$\lim_{z \to z_0} f(z) = \infty,$$

$$\lim_{z \to z_0} (z - z_0)^m f(z) = c_{-m} \neq 0.$$

由于 $f(z)$ 当 $z \to z_0$ 时的极限只可能是存在、不存在但为 ∞ 或不存在且不为 ∞ 中的某一种情况，所以本性奇点的极限特征必为 $\lim\limits_{z \to z_0} f(z)$ 不存在且不为 ∞.

以上结论反过来也成立（读者自证），于是有如下判别法：

定理 5.1　设 z_0 为 $f(z)$ 的孤立奇点，

（1）若 $\lim\limits_{z \to z_0} f(z) = l$（有限值），则 z_0 为 $f(z)$ 的可去奇点；

（2）若 $\lim\limits_{z \to z_0} f(z) = \infty$，则 z_0 为 $f(z)$ 的极点，进一步地，$\lim\limits_{z \to z_0} (z - z_0)^m f(z) = l$（有限值且不为 0），则 z_0 为 $f(z)$ 的 m 阶极点；

（3）$\lim\limits_{z \to z_0} f(z)$ 不存在且不为 ∞，则 z_0 为 $f(z)$ 的本性奇点.

【例 5.1】　$z = 0$ 是下列函数的哪一类孤立奇点？

（1）$\dfrac{1 - \cos z}{z^2}$；（2）$\dfrac{e^{2z} - 1}{z^2}$；（3）$\sin \dfrac{1}{z}$.

解　（1）因为 $\lim\limits_{z \to 0} \dfrac{1 - \cos z}{z^2} = \dfrac{1}{2}$，所以 $z = 0$ 为 $\dfrac{1 - \cos z}{z^2}$ 的可去奇点.

（2）因为 $\lim\limits_{z \to 0} \dfrac{e^{2z} - 1}{z^2} = \infty$，又 $\lim\limits_{z \to 0} z \cdot \dfrac{e^{2z} - 1}{z^2} = 2$，所以 $z = 0$ 为 $\dfrac{e^{2z} - 1}{z^2}$ 的一阶极点.

（3）因为 $\lim\limits_{z \to 0} \sin \dfrac{1}{z}$ 不存在也不为 ∞，所以 $z = 0$ 为 $\sin \dfrac{1}{z}$ 的本性奇点.

【例 5.2】　求出 $f(z) = \dfrac{z}{(z - 1)(z - 2)^2}$ 的孤立奇点，并指出类型.

解　使分母为 0 的点为 $f(z)$ 的奇点，易知奇点有 2 个：$z_1 = 1$，$z_2 = 2$.

因为 $\lim\limits_{z \to 1} f(z) = \infty$，又 $\lim\limits_{z \to 1} (z - 1) f(z) = \lim\limits_{z \to 1} \dfrac{z}{(z - 2)^2} = 1 \neq 0$，所以 $z = 1$ 为 $f(z)$ 的一阶极点；

$$\lim_{z \to 2} f(z) = \infty, \quad \text{又} \lim_{z \to 2} (z - 2)^2 f(z) = \lim_{z \to 2} \frac{z}{z - 1} = 2 \neq 0, \quad \text{所以 } z = 2 \text{ 为 } f(z) \text{ 的二阶极点.}$$

*5.1.4　无穷远点为孤立奇点的定义及其分类

我们知道，当 $t = 0$ 为 $g(t)$ 的孤立奇点时，$g(t)$ 在环形域 $0 < |t| < r$ 内可展开成洛朗级数

$$g(t) = \sum_{n = -\infty}^{+\infty} c_n t^n = \sum_{n = 1}^{+\infty} c_{-n} t^{-n} + \sum_{n = 0}^{+\infty} c_n t^n.$$

令 $t = \dfrac{1}{z}$ 时, $t = 0$ 映射到 z 平面的无穷远点 $z = \infty$, 则

$$g(t) = g\left(\dfrac{1}{z}\right) \overset{\Delta}{=} f(z) \left(\dfrac{1}{r} < |z| < +\infty\right).$$

从而 $f(z)$ 的洛朗展开式为

$$f(z) = \sum_{n=1}^{+\infty} c_{-n} z^n + \sum_{n=0}^{+\infty} c_n z^{-n}.$$

这相当于把 $g(t)$ 的展开式中正、负幂项对调所得. 因此, 我们可以仿照有限点的情形给出无穷远点为孤立奇点的定义及分类方法.

若函数 $f(z)$ 在无穷远点 $z = \infty$ 的去心邻域 $R < |z| < +\infty$ 内解析, 则点 ∞ 称为 $f(z)$ 的孤立奇点.

与有限孤立奇点的分类相对应 (洛朗展开式中正、负幂项对调), 我们可对孤立奇点 ∞ 做如下分类:

若函数 $f(z)$ 在解析域 $R < |z| < \infty$ 内洛朗展开式中:

(1) 不含正幂项 (此时 $g(t)$ 的展开式中不含负幂项, 因而 $t = 0$ 为 $g(t)$ 的可去奇点), 则 ∞ 称为 $f(z)$ 的可去奇点;

(2) 含有限个正幂项, 且 z^m 为最高正幂 (此时, $t = 0$ 为 $g(t)$ 的 m 阶极点), 则 ∞ 称为 $f(z)$ 的 m 阶极点;

(3) 含有无穷多个正幂项 (此时, $t = 0$ 为 $g(t)$ 的本性奇点), 则 ∞ 称为 $f(z)$ 的本性奇点.

由 ∞ 为 $f(z)$ 的孤立奇点分类的定义及定理 5.1 不难得出如下结论:

(1) 当若 $\lim\limits_{z \to \infty} f(z) = c_0$ (有限值), 则 ∞ 为 $f(z)$ 的可去奇点;

(2) 若 $\lim\limits_{z \to \infty} f(z) = \infty$, 则 ∞ 为 $f(z)$ 的极点;

(3) $\lim\limits_{z \to \infty} f(z)$ 不存在且不为 ∞, 则 ∞ 为 $f(z)$ 的本性奇点.

例如, $z = \infty$ 是 $\dfrac{z}{1+z}$ 的可去奇点, 因为 $\lim\limits_{z \to \infty} \dfrac{z}{1+z} = 1$; $z = \infty$ 是 $z + \dfrac{1}{z}$ 的极点, 因为 $\lim\limits_{z \to \infty} \left(z + \dfrac{1}{z}\right) = \infty$; $z = \infty$ 是 $\sin z$ 的本性奇点, 因为 $\lim\limits_{z \to \infty} \sin z$ 不存在也不为 ∞.

5.2 留数

5.2.1 留数的概念

由上一节讨论知, 若函数 $f(z)$ 在 z_0 的去心邻域 $0 < |z - z_0| < R$ 内解析, 则在此邻域内, $f(z)$ 可展开成洛朗级数

$$f(z) = \cdots + c_{-n}(z - z_0)^{-n} + \cdots + c_{-2}(z - z_0)^{-2} + c_{-1}(z - z_0)^{-1} +$$
$$c_0 + c_1(z - z_0) + \cdots + c_n(z - z_0)^n + \cdots.$$

对该邻域内任取一条绕 z_0 的正向简单闭曲线 C, 对上式两边在 C 上作积分,

并利用积分公式

$$\oint_C \frac{1}{(z-z_0)^{n+1}} \mathrm{d}z = \begin{cases} 2\pi \mathrm{i} & ,n = 0, \\ 0, & n \neq 0 \end{cases}$$

可知，右端各项的积分除 $c_{-1}(z-z_0)^{-1}$ 一项等于 $2\pi \mathrm{i} c_{-1}$ 外，其余各项的积分都等于 0，所以

$$\oint_C f(z)\mathrm{d}z = 2\pi \mathrm{i} c_{-1}.$$

我们把（留下的）这个积分值除以 $2\pi \mathrm{i}$ 后所得到的数，称为函数 $f(z)$ 在 z_0 处的**留数**，记作 $\mathrm{Res}[f(z),z_0]$，即

$$\mathrm{Res}[f(z),z_0] = \frac{1}{2\pi \mathrm{i}}\oint_C f(z)\mathrm{d}z = c_{-1}.$$

留数定义本身提供了计算留数的两种方法：第一种是将 $f(z)$ 在 $0 < |z-z_0| < R$ 内展开成洛朗级数，取其负一次幂项的系数 c_{-1} 的值即可；第二种是计算 $\frac{1}{2\pi \mathrm{i}}\oint_C f(z)\mathrm{d}z$.

【例 5.3】　求函数 $f(z) = z\mathrm{e}^{\frac{1}{z}}$ 在孤立奇点 $z = 0$ 处的留数.

解　由于在 $0 < |z| < R$ 内有

$$z\mathrm{e}^{\frac{1}{z}} = z + 1 + \frac{1}{2!}z^{-1} + \frac{1}{3!}z^{-2} + \cdots,$$

所以 $\mathrm{Res}[f(z),0] = c_{-1} = \frac{1}{2}$.

【例 5.4】　求 $\mathrm{Res}\left[\dfrac{\mathrm{e}^z}{z^2 - z}, 1\right]$.

解　此题若用寻找 $\dfrac{\mathrm{e}^z}{z^2 - z}$ 在 $0 < |z-1| < R$ 内的洛朗展开式的方法计算 c_{-1}，则运算较为复杂，因而可考虑用积分计算的方法.

$$\mathrm{Res}\left[\frac{\mathrm{e}^z}{z^2 - z},1\right] = \frac{1}{2\pi \mathrm{i}}\oint_C \frac{\frac{\mathrm{e}^z}{z}}{z-1}\mathrm{d}z$$

$$= \frac{1}{2\pi \mathrm{i}} \cdot 2\pi \mathrm{i} \left(\frac{\mathrm{e}^z}{z}\right)\Bigg|_{z=1} = \mathrm{e}(使用了柯西积分公式),$$

其中，C 为内部不含点 0 且不经过点 1 但包含 1 在其内的闭曲线.

当函数比较复杂时，用留数定义计算留数较为困难，如果能先判别孤立奇点的类型，对求留数会很方便.

5.2.2　留数的计算方法

规则 I　若 z_0 为 $f(z)$ 的可去奇点，则 $\mathrm{Res}[f(z),z_0] = 0$；

规则Ⅱ 若 z_0 为 $f(z)$ 的一阶极点，则 $\mathrm{Res}[f(z),z_0]=\lim\limits_{z\to z_0}(z-z_0)f(z)$；

规则Ⅲ 若 z_0 为 $f(z)=\dfrac{P(z)}{Q(z)}$ 的一阶极点，且 $Q'(z_0)\neq 0$，则

$$\mathrm{Res}[f(z),z_0]=\frac{P(z_0)}{Q'(z_0)}.$$

事实上，因为 z_0 为 $f(z)$ 的一阶极点，所以 $P(z_0)\neq 0,Q(z_0)=0,Q'(z_0)\neq 0$. 且由上述方法知

$$\begin{aligned}
\mathrm{Res}[f(z),z_0]&=\lim_{z\to z_0}(z-z_0)f(z)\\
&=\lim_{z\to z_0}\frac{P(z)}{\dfrac{Q(z)-Q(z_0)}{z-z_0}}=\frac{P(z_0)}{Q'(z_0)};
\end{aligned}$$

规则Ⅳ 若 z_0 为 $f(z)$ 的 m 阶极点，则

$$\mathrm{Res}[f(z),z_0]=\frac{1}{(m-1)!}\lim_{z\to z_0}\frac{\mathrm{d}^{m-1}}{\mathrm{d}z^{m-1}}[(z-z_0)^m f(z)].$$

事实上，因为 z_0 为 $f(z)$ 的 m 阶极点，所以

$$f(z)=c_{-m}(z-z_0)^{-m}+c_{-m+1}(z-z_0)^{-m+1}+\cdots+c_{-1}(z-z_0)^{-1}+$$
$$c_0+c_1(z-z_0)+\cdots+c_n(z-z_0)^n+\cdots(c_{-m}\neq 0),$$

从而

$$(z-z_0)^m f(z)=c_{-m}+c_{-m+1}(z-z_0)+\cdots+c_{-1}(z-z_0)^{m-1}+$$
$$c_0(z-z_0)^m+\cdots+c_n(z-z_0)^{n+m}+\cdots,$$

上式两边求 $(m-1)$ 阶导数，得

$$\frac{\mathrm{d}^{m-1}}{\mathrm{d}z^{m-1}}[(z-z_0)^m f(z)]=(m-1)!\,c_{-1}+\{含有(z-z_0)的正幂项\}$$

两边取 $z\to z_0$ 时的极限，可得

$$c_{-1}=\frac{1}{(m-1)!}\lim_{z\to z_0}\frac{\mathrm{d}^{m-1}}{\mathrm{d}z^{m-1}}[(z-z_0)^m f(z)],$$

即

$$\mathrm{Res}[f(z),z_0]=\frac{1}{(m-1)!}\lim_{z\to z_0}\frac{\mathrm{d}^{m-1}}{\mathrm{d}z^{m-1}}[(z-z_0)^m f(z)].$$

显然 $m=1$ 时，即为规则Ⅱ的公式.

注 当 z_0 为 $f(z)$ 的本性奇点时，几乎没有什么简捷方法，因此，对于本性奇点处的留数，我们只能利用洛朗展开式的方法或计算积分的方法来求解.

【例 5.5】 求 $\mathrm{Res}\left[\dfrac{\mathrm{e}^{2z}}{z^2-1},1\right]$.

解 容易知道 $z=1$ 是 $f(z)=\dfrac{\mathrm{e}^{2z}}{z^2-1}$ 的一阶极点，所以

57

$$\text{Res}[f(z),1] = \lim_{z \to 1}(z-1) \cdot \frac{\mathrm{e}^{2z}}{z^2-1} = \lim_{z \to 1}\frac{\mathrm{e}^{2z}}{z+1} = \frac{\mathrm{e}^2}{2}.$$

此题也可以用规则Ⅲ. 设 $f(z) = \dfrac{P(z)}{Q(z)}$，取 $P(z) = \mathrm{e}^{2z}$，$Q(z) = z^2 - 1$，显然 $P(z),Q(z)$ 满足规则Ⅲ的条件，所以

$$\text{Res}\left[\frac{\mathrm{e}^{2z}}{z^2-1},1\right] = \frac{P(1)}{Q'(1)} = \frac{\mathrm{e}^2}{2}.$$

【例 5.6】　求 $\text{Res}\left[\dfrac{1}{(z^2+1)^3},\mathrm{i}\right]$.

解　因为 $\dfrac{1}{(z^2+1)^3} = \dfrac{1}{(z-\mathrm{i})^3(z+\mathrm{i})^3}$，所以 $z = \mathrm{i}$ 是 $\dfrac{1}{(z^2+1)^3}$ 的三阶极点. 由规则Ⅳ有

$$\text{Res}\left[\frac{1}{(z^2+1)^3},\mathrm{i}\right] = \frac{1}{(3-1)!}\lim_{z \to \mathrm{i}}\frac{\mathrm{d}^2}{\mathrm{d}z^2}\left[(z-\mathrm{i})^3\frac{1}{(z^2+1)^3}\right]$$

$$= \frac{1}{2}\lim_{z \to \mathrm{i}}\left[(-3)(-4)(z+\mathrm{i})^{-5}\right]$$

$$= -\frac{3\mathrm{i}}{16}.$$

注　并不是所有满足规则Ⅱ～规则Ⅳ条件的函数，求留数时用它们都方便，请看下例.

【例 5.7】　求 $\text{Res}\left[\dfrac{z-\sin z}{z^6},0\right]$.

分析　可以判断出 $z = 0$ 是 $f(z) = \dfrac{z-\sin z}{z^6}$ 的三阶极点，应用规则Ⅳ，得

$$\text{Res}[f(z),0] = \frac{1}{(3-1)!}\lim_{z \to 0}\frac{\mathrm{d}^2}{\mathrm{d}z^2}\left[z^3 \cdot \frac{z-\sin z}{z^6}\right]$$

$$= \frac{1}{2!}\lim_{z \to 0}\frac{\mathrm{d}^2}{\mathrm{d}z^2}\left(\frac{z-\sin z}{z^3}\right).$$

往下的运算既要先对一个分式函数求二阶导数，然后又要对求导结果求极限，这就十分繁杂. 如果利用洛朗展开式求 c_{-1} 就比较方便.

解　因为

$$\frac{z-\sin z}{z^6} = \frac{1}{z^6}\left[z-\left(z-\frac{1}{3!}z^3+\frac{1}{5!}z^5-\cdots\right)\right]$$

$$= \frac{1}{3!}z^{-3}-\frac{1}{5!}z^{-1}+\cdots,$$

所以

$$\text{Res}\left[\frac{z-\sin z}{z^6},0\right] = c_{-1} = -\frac{1}{5!}.$$

可见，解题的关键在于根据具体问题灵活选择方法，不要拘泥于套用公式.

5.2.3 留数定理及其应用

留数定理是留数应用的基础，也是留数理论的最重要的定理之一.

定理 5.2 设区域 G 是由围线 C 的内部构成的（见图 5.1），若函数 $f(z)$ 在 G 内除含有限个奇点 a_1，a_2，$\cdots$，a_n 外解析，且在 $G + C$ 上除点 a_1，a_2，$\cdots$，a_n 外连续，则

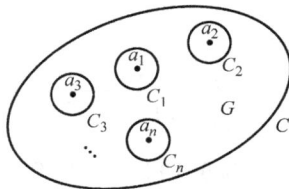

$$\oint_C f(z)\,\mathrm{d}z = 2\pi\mathrm{i} \sum_{i=1}^{\infty} \mathrm{Res}[f(z), a_i].$$

证 分别以点 a_1，a_2，$\cdots$，a_n 为圆心，以适当的 $\rho(>0)$ 为半径作圆周 C_i：$|z - a_i| = \rho(i = 1, 2, \cdots, n)$，使 C_1，C_2，$\cdots$，C_n 与 C 一起满足定理 3.4 的条件. 于是，经验证，由定理 3.4 得

$$\oint_C f(z)\,\mathrm{d}z = \sum_{i=1}^{n} \oint_{C_i} f(z)\,\mathrm{d}z,$$

而

$$\oint_{C_i} f(z)\,\mathrm{d}z = 2\pi\mathrm{i}\,\mathrm{Res}[f(z), a_i]\,(i = 1, 2, \cdots, n),$$

故

$$\oint_C f(z)\,\mathrm{d}z = 2\pi\mathrm{i} \sum_{i=1}^{\infty} \mathrm{Res}[f(z), a_i].$$

定理 5.2 被称为留数基本定理. 它揭示了复变函数沿围线的积分与留数间的联系. 其重要作用之一是把计算封闭路径 C 上的积分转化为求被积函数在 C 内各孤立奇点处的留数.

【例 5.8】 计算积分 $\oint_C \dfrac{z\mathrm{e}^z}{z^2 + 1}\mathrm{d}z$，$C：|z| = 2$.

解 由于 $f(z) = \dfrac{z\mathrm{e}^z}{z^2 - 1}$ 有两个一阶极点 i，$-i$，而这两个极点都在圆周 C 内，所以

$$\oint_C f(z)\,\mathrm{d}z = 2\pi\mathrm{i}\{\mathrm{Res}[f(z), i] + \mathrm{Res}[f(z), -i]\}.$$

而

$$\mathrm{Res}[f(z), i] = \lim_{z \to i}(z - i) \cdot \frac{z\mathrm{e}^z}{z^2 + 1} = \frac{\mathrm{e}^i}{2},$$

$$\mathrm{Res}[f(z), -i] = \lim_{z \to -i}(z + i) \cdot \frac{z\mathrm{e}^z}{z^2 + 1} = \frac{\mathrm{e}^{-i}}{2},$$

故

$$\oint_C \frac{z\mathrm{e}^z}{z^2 + 1}\mathrm{d}z = 2\pi\mathrm{i}\left(\frac{\mathrm{e}^i}{2} + \frac{\mathrm{e}^{-i}}{2}\right).$$

【例 5.9】　计算积分 $\oint_{|z|=1} \dfrac{z\sin z}{(1-e^z)^3}dz$.

解　被积函数 $f(z) = \dfrac{z\sin z}{(1-e^z)^3}$ 有一个一阶极点 $z=0$，且在圆周 $|z|=1$ 内，所以

$$\oint_{|z|=1} \frac{z\sin z}{(1-e^z)^3}dz = 2\pi i \mathrm{Re}\,s[f(z),0] = 2\pi i \lim_{z\to 0} z \cdot \frac{z\sin z}{(1-e^z)^3} = -2\pi i .$$

【例 5.10】　计算积分 $\oint_C \dfrac{z}{z^4-1}dz, C:|z|=2$.

解　被积函数 $f(z) = \dfrac{z}{z^4-1}$ 有四个一阶极点 ± 1，$\pm i$，且都在圆周 C 内，所以

$$\oint_C \frac{z}{z^4-1}dz = 2\pi i\{\mathrm{Res}[f(z),1] + \mathrm{Res}[f(z),-1] + \mathrm{Res}[f(z),i] + \mathrm{Res}[f(z),-i]\}.$$

由规则 III 知 $\dfrac{P(z)}{Q'(z)} = \dfrac{z}{4z^3} = \dfrac{1}{4z^2}$，故

$$\oint_C \frac{z}{z^4-1}dz = 2\pi i\left(\frac{1}{4} + \frac{1}{4} - \frac{1}{4} - \frac{1}{4}\right) = 0.$$

【例 5.11】　计算积分 $\oint_{|z|=2} \dfrac{e^z}{z(z+1)^2}dz$.

解　$z=0$ 为被积函数 $f(z) = \dfrac{e^z}{z(z+1)^2}$ 的一阶极点，$z=-1$ 为二阶极点，且都在圆周 $|z|=2$ 内，所以

$$\oint_{|z|=2} \frac{e^z}{z(z+1)^2}dz = 2\pi i\{\mathrm{Res}[f(z),0] + \mathrm{Res}[f(z),-1]\},$$

而

$$\mathrm{Res}[f(z),0] = \lim_{z\to 0} z \cdot \frac{e^z}{z(z+1)^2} = 1,$$

$$\mathrm{Res}[f(z),-1] = \lim_{z\to -1}\left((z+1)^2 \cdot \frac{e^z}{z(z+1)^2}\right)'$$

$$= \lim_{z\to -1}\left(\frac{e^z}{z}\right)' = \lim_{z\to -1} \frac{e^z(z-1)}{z^2} = -2e^{-1},$$

故

$$\oint_{|z|=2} \frac{e^z}{z(z+1)^2}dz = 2\pi i(-2e^{-1}+1) = -4\pi i e^{-1} + 2\pi i.$$

*5.2.4　无穷远点的留数

1. 无穷远点的留数的定义

设函数 $f(z)$ 在圆环域 $R < |z| < +\infty$（$R \geqslant 0$）内解析，即无穷远点为 $f(z)$ 的孤

60

立奇点. C 为圆周 $|z| = r$，其中 $r < R$，则称 $\dfrac{1}{2\pi i} \oint_{C^-} f(z)\,\mathrm{d}z$（其中 C^- 为 C 的负方向）

为 $f(z)$ 在 $z = \infty$ 的留数，记为 $\mathrm{Res}[f(z), \infty]$，即

$$\mathrm{Res}[f(z), \infty] = \frac{1}{2\pi i} \oint_{C^-} f(z)\,\mathrm{d}z.$$

2. 无穷远点的留数与洛朗级数的关系

设 $f(z)$ 在 $R < |z| < +\infty$（$R \geqslant 0$）内的洛朗展开式为

$$f(z) = \cdots + c_{-m}z^{-m} + \cdots + c_{-1}z^{-1} + c_0 + c_1 z + \cdots,$$

则与上面相同，仍有

$$c_{-1} = \frac{1}{2\pi i} \oint_C f(z)\,\mathrm{d}z,$$

从而

$$\mathrm{Res}[f(z), \infty] = \frac{1}{2\pi i} \oint_{C^-} f(z)\,\mathrm{d}z = -c_{-1}.$$

3. 无穷远点留数的两个结论

定理 5.3 $\mathrm{Res}[f(z), \infty] = -\mathrm{Res}\left[f\left(\dfrac{1}{z}\right) \cdot \dfrac{1}{z^2}, 0\right]$.

证 令 $w = \dfrac{1}{z}$，则 $\varphi(w) = f\left(\dfrac{1}{w}\right)$ 在 $0 < |w| < \dfrac{1}{R}$ 内解析，且其洛朗展开式为

$$\varphi(w) = \cdots + c_{-m}w^m + \cdots + c_{-1}w + c_0 + c_1 w^{-1} + \cdots,$$

于是有

$$\varphi(w) \cdot \frac{1}{w^2} = \cdots + c_{-m}w^{m-2} + \cdots + c_{-1}w^{-1} + c_0 w^{-2} + c_1 w^{-3} + \cdots,$$

从而

$$c_{-1} = \mathrm{Res}\left[\varphi(w) \cdot \frac{1}{w^2}, 0\right] = \mathrm{Res}\left[f\left(\frac{1}{w}\right) \cdot \frac{1}{w^2}, 0\right]$$

$$= \mathrm{Res}\left[f\left(\frac{1}{z}\right) \cdot \frac{1}{z^2}, 0\right].$$

故有

$$\mathrm{Res}[f(z), \infty] = -\mathrm{Res}\left[f\left(\frac{1}{z}\right) \cdot \frac{1}{z^2}, 0\right].$$

此定理提供了一种将无穷远点的留数转化为有限点（$z = 0$）处留数的方法.

定理 5.4 设函数 $f(z)$ 在扩充的复平面内除有限个孤立奇点 z_1，z_2，$\cdots$，z_n，∞ 外处处解析，则 $f(z)$ 在各奇点处的留数总和为零，即

$$\mathrm{Res}[f(z), \infty] + \sum_{k=1}^{n} \mathrm{Res}[f(z), z_k] = 0.$$

证 作圆 C：$|z| = R$（R 充分大），使 z_1，z_2，$\cdots$，z_n 包含在 C 内，则由留数定理及无穷远点留数的定义有

61

$$\operatorname{Res}[f(z),\infty] + \sum_{k=1}^{n} \operatorname{Res}[f(z),z_k]$$

$$= \frac{1}{2\pi i}\oint_{C} f(z)\mathrm{d}z + \frac{1}{2\pi i}\oint_{C} f(z)\mathrm{d}z = 0.$$

通过以上的讨论，我们可以总结出求无穷远点留数的方法.

方法 1　定义法，即 $\operatorname{Res}[f(z),\infty] = \frac{1}{2\pi i}\oint_{C^-} f(z)\mathrm{d}z.$

【例 5. 12】　求 $\operatorname{Res}\left[\dfrac{1}{z},\ \infty\right]$.

解　$\operatorname{Res}\left[\dfrac{1}{z},\infty\right] = \dfrac{1}{2\pi i}\oint_{C^-}\dfrac{1}{z}\mathrm{d}z = -\dfrac{1}{2\pi i}\oint_{C}\dfrac{1}{z}\mathrm{d}z$

$$= -\frac{1}{2\pi i}\cdot 2\pi i = -1.$$

注　可以看出 ∞ 是 $\dfrac{1}{z}$ 的可去奇点，但 $\dfrac{1}{z}$ 在该点（$z=\infty$）的留数并非为 0，这是与"有限可去奇点处留数恒等于 0"的一个不同之处，即当无穷远点为可去奇点时，该点的留数并不一定为 0 .

方法 2　利用洛朗展开式，即 $\operatorname{Res}[f(z),\infty] = -c_{-1}.$

【例 5. 13】　求 $\operatorname{Res}\left[\mathrm{e}^{\frac{1}{z}},\ \infty\right]$.

解　将 $\mathrm{e}^{\frac{1}{z}}$ 在 $0<|z|<+\infty$ 内展开成洛朗级数

$$\mathrm{e}^{\frac{1}{z}} = 1 + z^{-1} + \frac{1}{2!}z^{-2} + \cdots$$

可以看出 $c_{-1} = 1$，所以 $\operatorname{Res}\left[\mathrm{e}^{\frac{1}{z}},\ \infty\right] = -1.$

方法 3　利用定理 5. 3，即 $\operatorname{Res}[f(z),\infty] = -\operatorname{Res}\left[f\left(\dfrac{1}{z}\right)\cdot\dfrac{1}{z^2},0\right].$

【例 5. 14】　求 $\operatorname{Res}\left[\dfrac{z}{z^4-1},\ \infty\right]$.

解　$\operatorname{Res}\left[\dfrac{z}{z^4-1},\infty\right] = -\operatorname{Res}\left[\dfrac{\dfrac{1}{z}}{\dfrac{1}{z^4}-1}\dfrac{1}{z^2},0\right]$

$$= -\operatorname{Res}\left[\frac{z}{1-z^4},0\right] = 0.$$

方法 4　利用定理 5. 4，即 $\operatorname{Res}[f(z),\infty] = -\sum_{k=1}^{n}\operatorname{Res}[f(z),z_k].$

注　此方法虽然给出了一种求 $\operatorname{Res}[f(z),\infty]$ 的方法，但当 $f(z)$ 含多个孤立奇点或含有高阶极点时，求 $\sum_{k=1}^{n}\operatorname{Res}[f(z),z_k]$ 较繁，因此，我们通常不用它求 $\operatorname{Res}[f(z),$

∞ ］，而是将此公式反过来使用，即利用 $\mathrm{Res}[f(z),\infty]$ 来求 $\sum_{k=1}^{n}\mathrm{Res}[f(z),z_k]$. 这一点可通过求某些闭路上的积分体现出来，请看下例.

【例 5.15】 计算积分 $\oint_{|z|=2}\dfrac{z}{z^4-1}\mathrm{d}z$.

解 $f(z)=\dfrac{z}{z^4-1}$ 在圆 $|z|=2$ 内有孤立奇点 $z=\pm 1$，$z=\pm \mathrm{i}$，则由留数定理及定理 5.4 得

$$\oint_{|z|=2}\frac{z}{z^4-1}\mathrm{d}z = 2\pi\mathrm{i}\{\mathrm{Res}[f(z),1]+\mathrm{Res}[f(z),-1]+\mathrm{Res}[f(z),\mathrm{i}]+\mathrm{Res}[f(z),-\mathrm{i}]\}$$

$$= 2\pi\mathrm{i}\mathrm{Res}[f(z),\infty].$$

又 $f\left(\dfrac{1}{z}\right)\cdot\dfrac{1}{z^2}=\dfrac{z}{1-z^4}$，$z=0$ 为其可去奇点，于是

$$\mathrm{Res}[f(z),\infty]=\mathrm{Res}\left[f\left(\frac{1}{z}\right)\cdot\frac{1}{z^2},0\right]=0.$$

从上例可以看出，计算闭路 C 上的积分时，如果被积函数在 C 内奇点较多或含有高阶极点时，此时用无穷远点的留数计算积分较为方便.

5.3 留数在实变量积分计算中的应用

在高等数学以及实际问题中，常常需要求出一些定积分或反常积分的值，而这些积分中被积函数的原函数，不能用初等函数表示出来，或即使可以求出原函数，计算也往往比较复杂. 利用留数定理，要计算某些类型的积分或反常积分，只需计算某些解析函数在孤立奇点的留数，从而把问题大大简化. 本节将介绍利用留数计算几类常用积分的方法.

5.3.1 $\int_0^{2\pi}R(\cos\theta,\sin\theta)\mathrm{d}\theta$ 型积分

这是一个实变量的积分，要用留数计算，我们需要做两方面的工作：第一，先将此积分转化为复变量的围线（封闭路径）积分；第二，利用留数定理将复变量的围线积分转化为留数问题，计算留数可得原积分值. 下面就按这样的思路进行讨论.

在 $\int_0^{2\pi}R(\cos\theta,\sin\theta)\mathrm{d}\theta$ 中，$R(\cos\theta,\sin\theta)$ 表示 $\cos\theta$，$\sin\theta$ 的有理函数，并且在 $[0,2\pi]$ 上连续. 若令 $z=\mathrm{e}^{\mathrm{i}\theta}$，则

$$\cos\theta=\frac{\mathrm{e}^{\mathrm{i}\theta}+\mathrm{e}^{-\mathrm{i}\theta}}{2}=\frac{z+z^{-1}}{2},\quad \sin\theta=\frac{\mathrm{e}^{\mathrm{i}\theta}-\mathrm{e}^{-\mathrm{i}\theta}}{2\mathrm{i}}=\frac{z-z^{-1}}{2\mathrm{i}},\quad \mathrm{d}\theta=\frac{\mathrm{d}z}{\mathrm{i}z},$$

当 θ 从 0 变到 2π 时，z 沿圆周 $|z|=1$ 的正方向绕行一周. 因此有

$$\int_0^{2\pi}R(\cos\theta,\sin\theta)\mathrm{d}\theta=\int_0^{2\pi}R\left(\frac{z+z^{-1}}{2},\frac{z-z^{-1}}{2\mathrm{i}}\right)\frac{\mathrm{d}z}{\mathrm{i}z},$$

右端是 z 的有理函数的围线积分，并且积分路径上无奇点，应用留数定理就可以求得其值.

注　这里关键一步是引进变数代换 $z = \mathrm{e}^{\mathrm{i}\theta}$，至于被积函数 $R(\cos\theta,\ \sin\theta)$ 在 $[0, 2\pi]$ 上的连续性可不必先检验，只要检验变换后的被积函数在 $|z| = 1$ 上是否有奇点.

【例 5.16】　求 $I = \displaystyle\int_0^{2\pi} \frac{1}{2 + \cos\theta} \mathrm{d}\theta$ 的值.

解　令 $z = \mathrm{e}^{\mathrm{i}\theta}$，则

$$I = \oint_{|z|=1} \frac{1}{2 + \dfrac{z + z^{-1}}{2}} \frac{\mathrm{d}z}{\mathrm{i}z} = \frac{2}{\mathrm{i}} \oint_{|z|=1} \frac{1}{z^2 + 4z + 1} \mathrm{d}z.$$

被积函数 $f(z) = \dfrac{1}{z^2 + 4z + 1}$ 在 $|z| = 1$ 内只有单极点 $z = -2 + \sqrt{3}$，故

$$I = \frac{2}{\mathrm{i}} \times 2\pi\mathrm{i}\operatorname{Res}[f(z), -2 + \sqrt{3}]$$

$$= \frac{2}{\mathrm{i}} \times \lim_{z \to -2+\sqrt{3}} \left\{ [z - (-2 + \sqrt{3})] \cdot \frac{1}{z^2 + 4z + 1} \right\}$$

$$= \frac{2\pi}{\sqrt{3}}.$$

【例 5.17】　求 $I = \displaystyle\int_0^{2\pi} \frac{\cos 2\theta}{1 - 2p\cos\theta + p^2} \mathrm{d}\theta \ (0 \leqslant |p| < 1)$ 的值.

解　令 $z = \mathrm{e}^{\mathrm{i}\theta}$，则 $\cos\theta = \dfrac{z + z^{-1}}{2}$，$\mathrm{d}\theta = \dfrac{\mathrm{d}z}{\mathrm{i}z}$，当 $p \neq 0$ 时，有

$$1 - 2p\cos\theta + p^2 = 1 - p(z + z^{-1}) + p^2 = \frac{(z - p)(1 - pz)}{z},$$

这样就有

$$I = \frac{1}{\mathrm{i}} \oint_{|z|=1} \frac{\mathrm{d}z}{(z - p)(1 - pz)},$$

且在圆 $|z| < 1$ 内被积函数 $f(z) = \dfrac{1}{(z - p)(1 - pz)}$ 只有 $z = p$ 为一阶极点，在 $|z| = 1$ 上无奇点，根据求留数的方法有

$$\operatorname{Res}[f(z), p] = \frac{1}{1 - pz}\Big|_{z=p} = \frac{1}{1 - p^2} (0 < |p| < 1),$$

所以，由留数定理得

$$I = \frac{1}{\mathrm{i}} \times 2\pi\mathrm{i} \frac{1}{1 - p^2} \ (0 \leqslant |p| < 1).$$

注　此题在高等数学中可用万能代换的方法求解，比较起来，用复变函数的方法求解要简单得多.

5.3.2 $\int_{-\infty}^{+\infty} \dfrac{P(x)}{Q(x)} dx$ 型积分

为了计算这种反常积分，我们先给出一个引理. 它主要用来估计辅助曲线 C_R 上的积分.

引理 5.1 设 $f(z)$ 沿圆弧 C_R：$z = Re^{i\theta}$（$\theta_1 \leqslant \theta \leqslant \theta_2$，$R$ 充分大）上连续（见图 5.2），若对 C_R 上的任意 z 点均有

$$\lim_{z \to \infty} zf(z) = k,$$

则

$$\lim_{R \to +\infty} \int_{C_R} f(z) dz = k(\beta - \alpha)i.$$

这里 $P(x)$，$Q(x)$ 为互质的关于 x 的 n 次和 m 次多项式，且有 $m - n \geqslant 2$；$Q(x)$ 在实轴上没有零点.

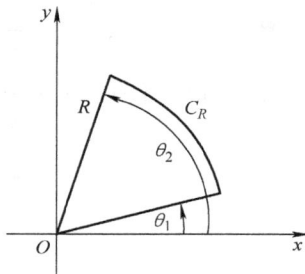

图 5.2

解 第一步：选取辅助函数 $f(z) = \dfrac{P(z)}{Q(z)}$，并求出 $f(z)$ 在上半平面的全部奇点 z_1，z_2，$\cdots$，z_n；

第二步：选取辅助路径 C 如图 5.3 所示：由实轴上的 $[-R, R]$ 与上半圆周 C_R 组成的围线 C，其中 R 的选取要使 z_1，z_2，$\cdots$，z_n 全在 C 的内部；

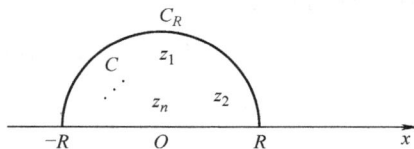

图 5.3

第三步：利用定理 5.1 得

$$\int_{-R}^{R} f(x) dx + \int_{C_R} f(z) dz = 2\pi i \sum_{k=1}^{n} \text{Res}[f(z), z_k].$$

令 $R \to +\infty$，对上式两端取极限

$$\int_{-\infty}^{+\infty} f(x) dx + \lim_{R \to +\infty} \int_{C_R} f(z) dz = 2\pi i \sum_{k=1}^{n} \text{Res}[f(z), z_k],$$

而由引理 5.1 有

$$\lim_{R \to +\infty} \int_{C_R} f(z) dz = 0,$$

故

$$\int_{-\infty}^{+\infty} f(x) dx = 2\pi i \sum_{k=1}^{n} \text{Res}[f(z), z_k],$$

即

$$\int_{-\infty}^{+\infty} \frac{P(x)}{Q(x)} dx = 2\pi i \sum_{k=1}^{n} \text{Res}\left[\frac{P(z)}{Q(z)}, z_k\right].$$

若 $f(x) = \dfrac{P(x)}{Q(x)}$ 为偶函数，则 $\displaystyle\int_0^{+\infty} \dfrac{P(x)}{Q(x)}\mathrm{d}x = \pi\mathrm{i}\sum_{k=1}^n \mathrm{Res}[f(z), z_k].$

【例 5.18】 求 $I = \displaystyle\int_{-\infty}^{+\infty} \dfrac{x^2}{(x^2+a^2)(x^2+b^2)}\mathrm{d}x\ (a>0, b>0)$ 的值.

解 $f(z) = \dfrac{z^2}{(z^2+a^2)(z^2+b^2)}$ 的分母多项式次数高于分子多项式次数 2 次，它在上半平面内有两个单极点 $z_1 = a\mathrm{i}$，$z_2 = b\mathrm{i}$，所以

$$I = 2\pi\mathrm{i}\{\mathrm{Res}[f(z), a\mathrm{i}] + \mathrm{Res}[f(z), b\mathrm{i}]\}$$

$$= 2\pi\mathrm{i}\left[\frac{a}{2\mathrm{i}(a^2-b^2)} + \frac{b}{2\mathrm{i}(b^2-a^2)}\right]$$

$$= \frac{\pi}{a+b}.$$

【例 5.19】 求 $I = \displaystyle\int_0^{+\infty} \dfrac{1}{x^4+1}\mathrm{d}x$ 的值.

解 $f(z) = \dfrac{1}{x^4+1}$ 的分母多项式次数高于分子多项式四次，且为偶函数，它在上半平面内有两个单极点 $z_1 = \mathrm{e}^{\frac{\pi}{4}\mathrm{i}}$，$z_2 = \mathrm{e}^{\frac{3\pi}{4}\mathrm{i}}$，所以

$$I = \pi\mathrm{i}\left\{\mathrm{Res}[f(z), \mathrm{e}^{\frac{\pi}{4}\mathrm{i}}] + \mathrm{Res}[f(z), \mathrm{e}^{\frac{3\pi}{4}\mathrm{i}}]\right\}$$

$$= \pi\mathrm{i}\left(\frac{1}{4\mathrm{e}^{\frac{3\pi}{4}\mathrm{i}}} + \frac{1}{4\mathrm{e}^{\frac{9\pi}{4}\mathrm{i}}}\right) = \frac{\pi}{4}\mathrm{i}(\mathrm{e}^{-\frac{3\pi}{4}\mathrm{i}} + \mathrm{e}^{-\frac{\pi}{4}\mathrm{i}}) = \frac{\sqrt{2}}{4}\pi.$$

顺便指出，第一类积分可化为第二类积分，即

$$\int_0^{2\pi} R(\cos\theta, \sin\theta)\mathrm{d}\theta = \int_{-\pi}^{\pi} R(\cos\theta, \sin\theta)\mathrm{d}\theta \xdef\relax{}\overset{\text{令}\tan\frac{\theta}{2} = t}{=\!=\!=\!=\!=\!=} \int_{-\infty}^{+\infty} R\left(\frac{1-t^2}{1+t^2}, \frac{2t}{1+t^2}\right)\mathrm{d}t.$$

5.3.3　$\displaystyle\int_{-\infty}^{+\infty} \dfrac{P(x)}{Q(x)}\mathrm{e}^{\mathrm{i}ax}\mathrm{d}x\ (a>0)$ 型积分

这里 $P(x)$，$Q(x)$ 为互质的关于 x 的 n 次和 m 次多项式，且有 $m-n \geqslant 1$；$Q(x)$ 在实轴上没有零点.

为了给出这类积分的计算方法，我们先介绍一个引理（证明略）：

引理 5.2（若尔当引理） 设 C 为 $|z| = R$ 的上半圆周，函数 $f(z)$ 在 C 上连续且 $\lim\limits_{z\to\infty} f(z) = 0$，则

$$\lim_{|z|=R\to\infty} \oint_C f(z)\mathrm{e}^{\mathrm{i}az}\mathrm{d}z = 0\ (a>0).$$

解 第一步：选取辅助函数 $f(z) = \dfrac{P(z)}{Q(z)}\mathrm{e}^{\mathrm{i}az}$，并求出 $f(z)$ 在上半平面的全部奇点 z_1，z_2，$\cdots$，z_n.

第二步：选取辅助积分路径 C 如图 5.3 所示，该路径是由实轴上的 $[-R, R]$

与上半圆周 C_R 组成的围线 C，其中 R 的选取要使 z_1，z_2，$\cdots$，z_n 全位于 C 的内部；

第三步：应用定理 5.1 得

$$\int_{-R}^{R} f(x)\,\mathrm{d}x + \int_{C_R} f(z)\,\mathrm{d}z = 2\pi\mathrm{i}\sum_{k=1}^{n} \mathrm{Res}[f(z),z_k].$$

令 $R \to +\infty$，对上式两端取极限得

$$\int_{-\infty}^{+\infty} f(x)\,\mathrm{d}x + \lim_{R \to +\infty}\int_{C_R} f(z)\,\mathrm{d}z = 2\pi\mathrm{i}\sum_{k=1}^{n} \mathrm{Res}[f(z),z_k],$$

而由引理 5.2 有

$$\lim_{R \to +\infty}\int_{C_R} f(z)\,\mathrm{d}z = 0,$$

故

$$\int_{-\infty}^{+\infty} f(x)\,\mathrm{e}^{\mathrm{i}ax}\,\mathrm{d}x = 2\pi\mathrm{i}\sum_{k=1}^{n} \mathrm{Res}[f(z),z_k]\,(a > 0),$$

即

$$\int_{-\infty}^{+\infty} \frac{P(x)}{Q(x)}\mathrm{e}^{\mathrm{i}ax}\,\mathrm{d}x = 2\pi\mathrm{i}\sum_{k=1}^{n} \mathrm{Res}\Big[\frac{P(z)}{Q(z)},z_k\Big].$$

又因为 $\mathrm{e}^{\mathrm{i}ax} = \cos ax + \mathrm{i}\sin ax$，所以

$$\int_{-\infty}^{+\infty} f(x)\,\mathrm{e}^{\mathrm{i}ax}\,\mathrm{d}x = \int_{-\infty}^{+\infty} f(x)\cos ax\,\mathrm{d}x + \mathrm{i}\int_{-\infty}^{+\infty} f(x)\sin ax\,\mathrm{d}x.$$

从而要计算积分

$$\int_{-\infty}^{+\infty} f(x)\cos ax\,\mathrm{d}x \text{ 或 } \int_{-\infty}^{+\infty} f(x)\sin ax\,\mathrm{d}x,$$

只要求出积分 $\displaystyle\int_{-\infty}^{+\infty} f(x)\,\mathrm{e}^{\mathrm{i}ax}\,\mathrm{d}x$ 的实部或虚部即可.

【例 5.20】 计算积分 $I = \displaystyle\int_{0}^{+\infty} \frac{\cos x}{x^2 + 1}\mathrm{d}x$ 的值.

解 因为被积函数为偶函数，所以

$$2I = \int_{-\infty}^{+\infty} \frac{\cos x}{x^2 + 1}\mathrm{d}x.$$

先来计算 $J = \displaystyle\int_{-\infty}^{+\infty} \frac{\mathrm{e}^{\mathrm{i}x}}{x^2 + 1}\mathrm{d}x$ 的值. 由于 $\dfrac{\mathrm{e}^{\mathrm{i}z}}{z^2 + 1}$ 在上半平面内有一阶极点 i，所以

$$J = 2\pi\mathrm{i}\mathrm{Res}\Big[\frac{\mathrm{e}^{\mathrm{i}z}}{z^2 + 1},\ \mathrm{i}\Big] = 2\pi\mathrm{i}\frac{\mathrm{e}^{-1}}{2\mathrm{i}} = \pi\mathrm{e}^{-1},$$

从而 $2I = \displaystyle\int_{-\infty}^{+\infty} \frac{\cos x}{x^2 + 1}\mathrm{d}x = \mathrm{Re}(J) = \pi\mathrm{e}^{-1}$

故

$$I = \frac{\pi}{2\mathrm{e}}.$$

5.4 习题5

1. 指出下列函数的孤立奇点, 若有极点, 写出阶数.

(1) $\dfrac{1}{z(z^2+1)^2}$;

(2) $\dfrac{\sin z}{z^4}$;

(3) $\dfrac{z^3+i}{z^2-3z+2}$;

(4) $ze^{\frac{1}{z}}$;

(5) $z\cos\dfrac{1}{z}$;

(6) $\dfrac{e^z-1}{z}$;

(7) $\dfrac{e^{2z}}{(1-z)^2}$;

(8) $\dfrac{\cos z}{z^2}$.

*2. 判定 $z=\infty$ 是下列函数的什么奇点?

(1) $\dfrac{1-e^z}{z^2}$;

(2) $\cos\dfrac{1}{z-1}$;

(3) $\dfrac{2z}{3+z^2}$.

3. 求下列函数在有限点处的留数.

(1) $\dfrac{\ln(1+z)}{z}, z=0$;

(2) $\dfrac{e^z}{z(z-1)^2}, z=1$;

(3) $z^6\sin\dfrac{1}{z}, z=0$;

(4) $\dfrac{e^z-1}{z^5}, z=0$;

(5) $z^2e^{\frac{1}{z-1}}, z=1$;

(6) $\dfrac{z}{\sin^2 z}, z=0$.

4. 利用留数计算下列积分.

(1) $\displaystyle\oint_{|z|=\frac{3}{2}}\dfrac{\sin z}{z}dz$;

(2) $\displaystyle\oint_{|z|=2}\dfrac{5z-2}{z(z-1)^2}dz$;

(3) $\displaystyle\oint_{|z|=3}\dfrac{e^{2z}}{(z-1)^2}dz$;

(4) $\displaystyle\oint_{|z|=3}\dfrac{1}{(z^2+4)(z+5i)}dz$.

*5. 求下列函数在 ∞ 点的留数.

(1) $\dfrac{1}{z}$;

(2) $e^{\frac{1}{z}}$;

(3) $\dfrac{e^z}{z^2-1}$;

(4) $\dfrac{1}{(z-3)(z^5-1)}$.

6. 利用留数计算下列实变量积分.

(1) $\displaystyle\int_0^{2\pi}\dfrac{d\theta}{\frac{5}{4}+\sin\theta}\ (a>1)$;

(2) $\displaystyle\int_0^{2\pi}\dfrac{d\theta}{5+3\cos\theta}$;

(3) $\displaystyle\int_0^{+\infty}\dfrac{x^2}{(x^2+1)^2}dx$;

(4) $\displaystyle\int_0^{+\infty}\dfrac{\sin x}{x(x^2+1)}dx$.

第6章 保角映射

　　教学提示：保角映射是从几何的角度来对解析函数的性质和应用做进一步的探讨，这种方法可以把较为复杂区域上所讨论的问题转化到比较简单的区域上进行讨论，因此它在流体力学、电磁学、热传导理论等领域有广泛的应用.

　　教学目标：通过本章的教学，使学生了解解析函数的导数的几何意义及保角映射的概念；掌握 $w = z^{\alpha}$（α 为正有理数）的映射性质；掌握线性映射的性质和分式线性映射的保圆性及保对称性；会求一些简单区域（如平面、半平面、角形域、圆、带形域等）之间的保角映射.

6.1 保角映射的概念

6.1.1 解析函数导数的几何意义性

　　从几何的角度来探讨解析函数，会想到这样一个问题：若原象 G 为区域，则象 G' 是否仍为区域？对这个问题，可以给出一个结论（证明略）：

　　若函数 $w = f(z)$ 在区域 G 内解析，且不是一个常数，则 G 的象 $G' = f(G)$ 是区域.

　　这个结论表明：一个非常数的解析函数所作的映射具有保域性（将区域映射为区域）. 因此，该结论称为保域性定理.

　　下面从几何的角度来观察一下与 $w = f(z)$ 相关的一些量的解释.

　　1. 线倾角的复数表示

　　设 C 是一条连续曲线，其方程为

$$z = z(t) \, (\alpha \leqslant t \leqslant \beta),$$

若 $z'(t) \neq 0$，则在曲线 C 上的点 $z_0 = z(t_0)$ 处的切线存在，且此切线的倾角为 $\mathrm{Arg} z'(t_0)$.

　　事实上，如图 6.1 所示，若规定割线 $z_0 z$ 的正方向对应于 t 增大的方向，则此方向与向量 $\dfrac{z - z_0}{t - t_0}$ 的方向相同. 由此可知，向量 $\dfrac{z - z_0}{t - t_0}$ 的辐角 $\mathrm{Arg} \dfrac{z - z_0}{t - t_0}$ 与割线 $z_0 z$ 的倾角相等，而

$$\lim_{t \to t_0} \frac{z - z_0}{t - t_0} = z'(t_0), \, z'(t_0) \neq 0,$$

故

$$\lim_{t \to t_0} \mathrm{Arg} \frac{z - z_0}{t - t_0} = \mathrm{Arg} z'(t_0),$$

即在曲线 C 上的点 $z_0 = z(t_0)$ 处的切线存在，且此切线的倾角为 $\mathrm{Arg} z'(t_0)$，从而便获得切线的倾角的复数表示.

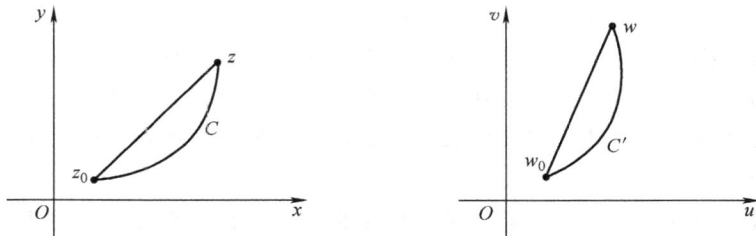

图　6.1

2. $\mathrm{Arg} f'(z_0)$ 的几何意义

设 G 是区域，函数 $w = f(z)$ 在 G 内连续，对于 $z_0 \in G$，有 $f'(z_0) \neq 0$. 如图 6.1 所示，C 为一条从点 z_0 出发的连续曲线，其方程为

$$z = z(t), t_0 \leqslant t \leqslant t_1, z_1 = z(t_0).$$

若设 $z'(t_0) \neq 0$，则由前面（1）的讨论知道，曲线 C 在点 z_0 必有切线，且此切线的倾角为 $\mathrm{Arg} z'(t_0)$，经过 $w = f(z)$ 映射后，曲线 C 的像曲线为 C'，则 $C' = f(C)$ 的方程为

$$w = f(z) = f[z(t)] = w(t),$$

且

$$t_0 \leqslant t \leqslant t_1, w_0 = w(t_0) = f[z(t_0)].$$

由于

$$w'(t_0) = f'(z_0) \cdot z'(t_0), z'(t_0) \neq 0$$

因此曲线 C' 在 $w_0 = f(z(t_0))$ 处有切线，其倾角为

$$\mathrm{Arg} w'(t_0) = \mathrm{Arg} f'(z_0) + \mathrm{Arg} z'(t_0). \tag{6.1}$$

上式表明，像曲线 C' 在点 $w_0 = f(z_0)$ 处的切线方向可由原像曲线 C 在点 z_0 的切线旋转一个角度 $\mathrm{Arg} f'(z_0)$（中的一个）而得到（这里，假定 z 平面与 w 平面重合，且使 x 轴与 u 轴，y 轴与 v 轴正方向相同，并设点 w_0 与 z_0 重合）. 我们称 $\mathrm{Arg} f'(z_0)$ 为函数 $w = f(z)$ 在 z_0 处的旋转角，这就是导数辐角的几何意义. 而且 $\mathrm{Arg} f'(z_0)$ 只与 z_0 有关，与过 z_0 的曲线的形状和方向无关，这一性质称为旋转角不变性.

至此可知，$\mathrm{Arg} f'(z_0)$ 的几何意义是映射 $w = f(z)$ 在点 z_0 处的旋转角，且此旋转角具有旋转角不变性.

由旋转角不变性立即可获得一个重要性质：对于连续函数 $w = f(z)$（$z \in G$），若 $f'(z_0) \neq 0$（$z_0 \in G$），则过点 z_0 具有切线的任意两条有向连续曲线 C_1 与 C_2 的夹角（两曲线在点 z_0 的切线所夹的角），其大小和方向等于映射后的像曲线 C'_1 和 C'_2 的夹角，这一性质称为保角性.

3. $\left| f'(z_0) \right|$ 的几何意义.

在与讨论（2）时所做假设相同的条件下，容易得到

$$\left| f'(z_0) \right| = \lim_{z \to z_0} \left| \frac{f(z) - f(z_0)}{z - z_0} \right| \neq 0.$$

上式说明，像曲线 C' 上过 $w_0 = f(z_0)$ 的无穷小的弧长与原像曲线 C 上过 z_0 的无穷小的弧长之比的极限是一个不为零的定值. 因此，称 $\left| f'(z_0) \right|$ 为映射 $w = f(z)$ 在点 z_0 的伸缩率，这就是导数模的几何意义. 显然，伸缩率 $\left| f'(z_0) \right|$ 只与 z_0 有关，而与过 z_0 的曲线 C 的形状和方向无关，这一性质称为伸缩率的不变性.

6.1.2 保角映射的概念

凡具有保角性（角度相同，旋转方向相同）与伸缩率不变性的映射称为第一类保角映射.

凡具有保角性（角度相同但旋转方向相反）与伸缩率不变性的映射称为第二类保角映射.

第一类保角映射与第二类保角映射统称为保角映射.

根据前面的讨论可得出结论：若函数 $w = f(z)$ 在区域 G 内解析，且对于任意的 $z_0 \in G$，有 $f'(z_0) \neq 0$，那么 $w = f(z)$ 必是区域 G 内的一个保角映射.

由于在区域 G 内的单叶解析函数 $w = f(z)$，具有 $f'(z_0) \neq 0 \ (z_0 \in G)$ 的性质（可作为练习，试证一下），于是可得：若函数 $w = f(z)$ 在区域 G 内单叶且解析，则它在 G 内是保角的. 进而还可以得到：若函数 $w = f(z)$ 在区域 G 内单叶且解析，则

（1）$w = f(z)$ 是区域 G 内的共形映射，且 G 的像 $G' = f(G)$ 为区域；

（2）$w = f(z)$ 的反函数 $z = f^{-1}(w)$ 在 G' 内单叶且解析，并有

$$f^{-1'}(z_0) = \frac{1}{f'(z_0)}, z_0 \in G, w_0 = f(z_0) \in G'.$$

将前面的讨论总结一下，有下述结论：

定理 6.1 若函数 $w = f(z)$ 在 z_0 解析，且 $f'(z_0) \neq 0$，则映射 $w = f(z)$ 是保角的，而且 $\mathrm{Arg} f'(z_0)$ 表示这个映射在 z_0 的旋转角，$\left| f'(z_0) \right|$ 表示这个映射在 z_0 的伸缩率.

6.2 分式线性映射

线性函数是复变函数论及其应用中经常用到的工具，在保角映射的一般理论以及某些简单区域的保角映射中都要用到它.

6.2.1 分式线性映射的概念

定义 形如

$$w = \frac{az + b}{cz + d} \quad (ad - bc \neq 0) \tag{6.2}$$

的映射称为分式线性映射，其中 a，b，c，d 均为复常数.

　　它是德国数学家默比乌斯（1790—1868）首先研究的，所以也称为默比乌斯映射. 同时，由于分式线性映射的逆映射 $z = \dfrac{-dw + b}{cw - a}$（$(-a)(-d) - bc \neq 0$）也是分式线性映射，因此，我们通常也把分式线性映射称为双线性映射.

　　当 $c = 0$ 时，函数（6.1）为 z 平面上的解析函数，且函数的导数 $\dfrac{a}{d} \neq 0$，即函数（6.1）所确定的映射为保角映射.

　　当 $c \neq 0$ 时，若 $z \neq -\dfrac{d}{c}$，则 $\dfrac{\mathrm{d}w}{\mathrm{d}z} = \dfrac{ad - bc}{(cz + d)^2} \neq 0$，函数（6.1）为 z 平面上的解析函数；在 $z \neq -\dfrac{d}{c}$ 时其所确定的映射为保角映射.

　　补充定义：若 $t = \dfrac{1}{f(z)}$ 把 z 的一个邻域保角映射成 $t = 0$ 的一个邻域，则称 $w = f(z)$ 把 z 的一个邻域保角映射成 $w = \infty$ 的一个邻域.

　　当 $c \neq 0$ 时，$z = z_0 = -\dfrac{d}{c}$，对函数 $w = \dfrac{az + b}{cz + d}$（$ad - bc \neq 0$），则由 $\dfrac{1}{w} = \dfrac{cz + d}{az + b}$ 在 z_0 的解析性及 $\dfrac{1}{w}\Big|_{z = z_0} = 0$，$\left(\dfrac{1}{w}\right)'\Big|_{z = z_0} \neq 0$ 可知，$\dfrac{1}{w} = \dfrac{cz + d}{az + b}$ 把 $z_0 = -\dfrac{d}{c}$ 的充分小邻域保角映射为 $t = \dfrac{1}{w} = 0$ 的一个邻域，于是函数（6.1）将 $z = -\dfrac{d}{c}$ 的一个邻域保角映射成 $u = \infty$ 的一个邻域.

　　函数（6.1）的反函数为 $z = \dfrac{-dw + b}{cw - a}$（$(-a)(-d) - bc \neq 0$），它也是一个分式线性映射，具有与函数（6.1）相同的映射性质.

　　为便于研究分式线性变换在扩充复平面的性质，约定：

　　当 $c \neq 0$ 时，在点 $z = -\dfrac{d}{c}$ 处规定 $w = \infty$，在点 $z = \infty$ 处规定 $w = \dfrac{a}{c}$；

　　当 $c = 0$ 时，在点 $z = \infty$ 处规定 $w = \infty$.

　　一般地，分式线性函数（6.1）可视为由下列两种特殊映射复合而成：

　　（1）$w = kz + h$；　　　　（2）$w = \dfrac{1}{z}$.

　　为了能更好地分析线性映射的特点，我们先来讨论这两种特殊的映射.

6.2.2　两种特殊的映射

1. 映射 $w = kz + h$（$k \neq 0$）称为整式线性映射

（1）当 $k = 1$ 时，$w = z + h$，此映射称为平移映射.

只需令 $z = x + \mathrm{i}y$，$w = u + \mathrm{i}v$，$h = a + \mathrm{i}b$，则有 $u = x + a$，$v = y + b$. 于是 $w = z + h$

确定了一个平移.

（2）当 $h = 0$ 时，$w = kz$，此映射称为旋转伸缩映射.

1）设 $w = e^{i\theta}z$，因为 $e^{i\theta} = \cos\theta + i\sin\theta$，$z = |z|(\cos\arg z + i\sin\arg z)$，所以 $w = e^{i\theta}z = |z|[\cos(\arg z + \theta) + i\sin(\arg z + \theta)]$，$w$ 的模与 z 的模相同，而 w 的辐角是 z 的辐角加 θ，故 $w = e^{i\theta}z$ 确定了一个旋转.

2）设 $w = rz$，显然 w 的辐角与 z 的辐角相同，而模为 z 的模的 r 倍，故 $w = rz$ 确定了一个以原点为中心的相似映射.

可以看出，整式线性映射是不改变图形形状的相似变换，它在整个复平面上处处是保角的、一一对应的，因而该映射能把 z 平面上的圆周映射成 w 平面上的圆周. 这一性质称为整式线性映射具有保圆性.

为了下面讨论方便，先给出关于圆周对称点的概念.

设有圆周 C：$|z - a| = R$，若有两点 z_1 与 z_2 均在同一条始于圆心 a 的射线上，并满足

$$|z_1 - a| \cdot |z_2 - a| = R^2,$$

则称点 z_1 与 z_2 关于圆周 C 是对称的. 此时，也称点 z_1 与 z_2 是关于圆周 C 的对称点. 特别地，规定圆心 a 与 ∞ 是关于圆周 C 的对称点.

2. 映射 $w = \dfrac{1}{z}$ 称为倒数映射（或反演映射）

（1）该映射称为反演变换或倒数变换，它是相继施行两个对称变换的结果：一是关于实轴对称；二是关于单位圆周对称.

事实上，将 z 平面与 w 平面（见图 6.2）所示重合后，若令 $z = Re^{i\theta}$，则

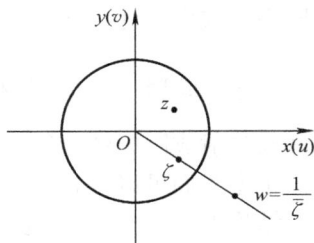

图 6.2

$$w = \frac{1}{z} = \frac{1}{R}e^{-i\theta}.$$

它可视为 $\zeta = \bar{z} = Re^{-i\theta}$ 与 $w = \dfrac{1}{\zeta}$ 复合而成，即由 $z = Re^{i\theta}$ 映射为 $w = \dfrac{1}{R}e^{-i\theta}$ 的过程可视为：

1）先将 $Re^{i\theta}$ 映射为 $Re^{-i\theta}$；

2）再将 $Re^{-i\theta}$ 映射为 $\dfrac{1}{R}e^{-i\theta}$.

而1）是关于实轴的对称变换，2）是关于单位圆周的对称变换.

（2）在复平面上除 $z = 0$ 外，处处是保角的. 这是因为 $w' = -\dfrac{1}{z^2}$ 在去掉点 $z = 0$ 后处处不等于零.

（3）将圆周映射为圆周.

事实上，若设 $z = x + iy$，$w = u + iv$，则将它们代入 $w = \dfrac{1}{z}$ 中，经整理得

$$\begin{cases} x = \dfrac{u}{u^2 + v^2}, \\[2mm] y = \dfrac{-v}{u^2 + v^2}. \end{cases}$$

于是，z 平面上的圆周（或直线）$A(x^2 + y^2) + Bx + Cy + D = 0$ 依上述对应关系得到在 w 平面上的像为

$$A\,\frac{u^2 + v^2}{(u^2 + v^2)^2} + B\,\frac{u}{u^2 + v^2} - C\,\frac{v}{u^2 + v^2} + D = 0,$$

即

$$D(u^2 + v^2) + Bu - Cv + A = 0.$$

由上式可知，映射 $w = \dfrac{1}{z}$，当 $A = 0$，$D \neq 0$ 时，将直线映射为圆周；当 $A = 0$，$D = 0$ 时，将直线映射为直线；当 $A \neq 0$，$D \neq 0$ 时，将圆周映射为圆周；当 $A \neq 0$，$D = 0$ 时，将圆周映射为直线.

为此，若约定：将直线理解成半径为无穷大的圆周，则便可以说反演变换具有保圆周性或保圆性，即 $w = \dfrac{1}{z}$ 将圆周映射为圆周.

总之，映射 $w = kz + h$ 和 $w = \dfrac{1}{z}$ 在整个扩充复平面上是处处保角、一一对应、把圆周映射成圆周的映射.

于是我们可以得到以下的结论：

结论 1：分式线性映射在扩充复平面上是一一对应的保角映射；

结论 2：分式线性映射在扩充复平面上具有保圆性（直线看成圆的特例）.

6.2.3　分式线性映射的确定及其应用

1. 分式线性映射的确定

分式线性映射（6.1）中含有四个常数 a，b，c，d. 由于这些常数不全为零（否则与 $ad - bc \neq 0$ 矛盾），所以这四个常数中至少有一个不为零，用它除分子和分母，可知分式线性映射中需要确定的待定系数实际上只有三个，因此只需给出三个条件便能确定一个分式线性映射.

定理 6.2　在扩充的 z 平面上任意给定三个不同的点 z_1，z_2，z_3，在扩充的 w 平面也任意给定三个不同的点 w_1，w_2，w_3，则存在唯一的分式线性映射，把 z_1，z_2，z_3 分别映射成 w_1，w_2，w_3.

证　设 $w = \dfrac{az + b}{cz + d}$（$ad - bc \neq 0$）将 z_1，z_2，z_3 依次映射成 w_1，w_2，w_3，即

$$w_k = \frac{az_k + b}{cz_k + d} \quad (k = 1,\ 2,\ 3),$$

于是

$$w - w_k = \frac{az + b}{cz + d} - \frac{az_k + b}{cz_k + d} = \frac{(z - z_k)(ad - bc)}{(cz + d)(cz_k + d)} \quad (k = 1, 2),$$

$$w_3 - w_k = \frac{az_3 + b}{cz_3 + d} - \frac{az_k + b}{cz_k + d} = \frac{(z_3 - z_k)(ad - bc)}{(cz_3 + d)(cz_k + d)} \quad (k = 1, 2),$$

由此可得

$$\frac{w - w_1}{w - w_2} \cdot \frac{w_3 - w_2}{w_3 - w_1} = \frac{z - z_1}{z - z_2} \cdot \frac{z_3 - z_2}{z_3 - z_1}.$$

解出 w, 便是所求的分式线性映射, 同时也证明了它的唯一性.

上述定理说明, 将三个不同的点映射成另外三个不同的点的分式线性映射是唯一存在的. 因此, 再根据保圆性, 若在已知圆周 C 和 C' 上分别取定三个不同的点后, 必能找到唯一的一个分式线性映射将 C 映射成 C'. 但是, 这个映射会把 C 的内部映射成什么呢? 我们的结论是: 这个分式映射会把 C 的内部映射成 C' 的内部或外部, 但不会将 C 内部的一部分映射成 C' 内部的一部分, 而将 C 内部的另一部分映射成 C' 外部的一部分.

2. 分式线性映射的实际应用

上半平面与单位圆域是两个非常典型的区域, 利用分式线性映射, 可实现这两个区域自身及区域之间的转换. 而其他一般区域之间的保角映射也往往会划归为这两个区域之间的转换, 而最终得到解决. 因此, 这两个区域自身及区域之间的转换非常重要. 下面我们用例子来说明, 这也可以看作是分式线性映射的实际应用.

【例 6.1】 求证把上半平面 $\text{Im}(z) > 0$ 保角映射为上半平面 $\text{Im}(w) > 0$ 的分式线性映射为

$$w = \frac{az + b}{cz + d},$$

其中, a, b, c, d 为实数, 且 $ad - bc \neq 0$.

证 根据保圆性知, 该分式线性映射把实轴 $\text{Im}(z) = 0$ 映射为实轴 $\text{Im}(w) = 0$. 在 z 平面实轴上任取不同的三点 z_1, z_2, z_3, 在 w 平面实轴上也任意取不同的三点 w_1, w_2, w_3, 则可唯一地确定该分式线性映射, 且有

$$\frac{w - w_1}{w - w_2} \cdot \frac{w_3 - w_2}{w_3 - w_1} = \frac{z - z_1}{z - z_2} \cdot \frac{z_3 - z_2}{z_3 - z_1},$$

整理得

$$w = \frac{az + b}{cz + d} \quad (ad - bc > 0),$$

其中, a, b, c, d 为实数 (因它们由实数 z_1, z_2, z_3 和 w_1, w_2, w_3 运算而得).

又

$$\text{Im}(w) = \frac{1}{2\text{i}}(w - \bar{w}) = \frac{1}{2\text{i}}\left(\frac{az + b}{cz + d} - \frac{a\bar{z} + b}{c\bar{z} + d}\right)$$

$$= \frac{ad - bc}{|cz + d|^2} \cdot \frac{z - \bar{z}}{2\text{i}} = \frac{ad - bc}{|cz + d|^2}\text{Im}(z).$$

这说明，所求的分式线性映射要满足当 $\mathrm{Im}(z) > 0$ 时有 $\mathrm{Im}(w) > 0$，还应满足条件 $ad - bc > 0$. 从而得到所求的分式线性映射为 $w = \dfrac{az + b}{cz + d}$，其中 a，b，c，d 为实数，且 $ad - bc > 0$.

【例 6.2】 求把上半平面 $\mathrm{Im}(z) > 0$ 映射为上半平面 $\mathrm{Im}(w) > 0$ 的分式线性映射，并将 ∞，0，1 依次映射为 0，1，∞.

解 由条件知，所求的分式线性映射满足

$$\frac{w - 0}{w - 1} \cdot \frac{1}{1} = \frac{1}{z - 0} \cdot \frac{1 - 0}{1},$$

化简为

$$w = \frac{-1}{z - 1}.$$

【例 6.3】 求把上半平面 $\mathrm{Im}(z) > 0$ 映射为单位圆盘 $|w| < 1$ 的分式线性映射.

解 方法 1 在实轴上任取不同的三点 $z_1 = -1$，$z_2 = 0$，$z_3 = 1$，使它们依次对应 $|w| = 1$ 上的三点：$w_1 = 1$，$w_2 = \mathrm{i}$，$w_3 = -1$. 由于绕向相同，故由它们所定的分式线性映射即为所求. 由 $\dfrac{w - w_1}{w - w_2} \cdot \dfrac{w_3 - w_2}{w_3 - w_1} = \dfrac{z - z_1}{z - z_2} \cdot \dfrac{z_3 - z_2}{z_3 - z_1}$，

可得

$$\frac{w - 1}{w - \mathrm{i}} \cdot \frac{-1 - \mathrm{i}}{-1 - 1} = \frac{z + 1}{z - 0} \cdot \frac{1 - 0}{1 + 1},$$

化简得

$$w = \frac{z - \mathrm{i}}{\mathrm{i}z - 1}.$$

注 （1）由于分式线性映射具有一一对应性，故 $w = \dfrac{z - \mathrm{i}}{\mathrm{i}z - 1}$ 中的分式线性映射也是把单位圆盘 $|z| < 1$ 映为上半平面 $\mathrm{Im}(w) > 0$ 的映射.

（2）如果在边界 $\mathrm{Im}(z) = 0$ 和 $|w| = 1$ 上选取三对另外的对应点，则也会得到满足题意但不同于 $w = \dfrac{z - \mathrm{i}}{\mathrm{i}z - 1}$ 的分式线性映射. 这说明将上半平面映射为单位圆盘及单位圆盘映为上半平面的分式线性映射是不唯一的.

方法 2 根据分式线性映射的保圆性知，z 平面上的实轴要映射成 w 平面上的单位圆. 再根据保对称性知，若上半平面的一点 $z = \lambda$ 映射成 w 平面的单位圆的圆心 $w = 0$，则对称点 $z = \bar{\lambda}$ 要映射成 $w = 0$ 的对称点 $w = \infty$. 于是，所求的线性映射应具有形式

$$w = k \frac{z - \lambda}{z - \bar{\lambda}},$$

其中，k 是待定复常数，λ 是上半平面内的任意一点. 显然，映射是不唯一的.

方法 3　设所求的分式线性映射为 $w = \dfrac{a'z + b'}{c'z + d'}$，其中 $a'd' - b'c' \neq 0$. 可以设 $d' \neq 0$. 因为若 $d' = 0$，将有 $w = \dfrac{a'}{c'} + \dfrac{b'}{c'} \dfrac{1}{z}$，该映射不能将上半平面映射成单位圆盘，于是 $d' \neq 0$. 用 d' 去除 w 的分子和分母，得

$$w = \frac{az + b}{cz + 1},$$

其中 a，b，c 是任意复常数，且 $a - bc \neq 0$.

【例 6.4】　求将上半平面 $\mathrm{Im}(z) > 0$ 映射为单位圆盘 $|w| < 1$ 的分式线性映射，且满足

（1）$f(2\mathrm{i}) = 0$，$f(0) = 1$；

（2）$f(2\mathrm{i}) = 0$，$\arg f'(0) = 0$.

　解　（1）设 $w = k\dfrac{z - 2\mathrm{i}}{z - \overline{2\mathrm{i}}} = k\dfrac{z - 2\mathrm{i}}{z + 2\mathrm{i}}$，由 $f(0) = -k = 1$ 得 $k = -1$，所以得

$$w = -\frac{z - 2\mathrm{i}}{z + 2\mathrm{i}}.$$

（2）设 $w = \mathrm{e}^{\mathrm{i}\theta}\dfrac{z - 2\mathrm{i}}{z - \overline{2\mathrm{i}}} = \mathrm{e}^{\mathrm{i}\theta}\dfrac{z - 2\mathrm{i}}{z + 2\mathrm{i}}$. 由 $f'(z) = \mathrm{e}^{\mathrm{i}\theta}\dfrac{4\mathrm{i}}{(z + 2\mathrm{i})^2}$ 所以由 $\arg f'(0) = 0$，得 $\theta = \dfrac{\pi}{2}$，所以

$$w = \mathrm{i}\frac{z - 2\mathrm{i}}{z + 2\mathrm{i}}.$$

【例 6.5】　求将单位圆盘 $|z| < 1$ 映射成单位圆盘 $|w| < 1$ 的分式线性映射.

　解　方法 1　在 $|z| = 1$ 和 $|w| = 1$ 上按同一绕向（如顺时针方向）分别取不同的三点 z_1，z_2，z_3 和 w_1，w_2，w_3，则根据保圆性和保角性知，由此三对对应点所决定的分式线性映射

$$\frac{w - w_1}{w - w_2} \cdot \frac{w_3 - w_2}{w_3 - w_1} = \frac{z - z_1}{z - z_2} \cdot \frac{z_3 - z_2}{z_3 - z_1}$$

就可以将单位圆盘 $|z| < 1$ 映射成单位圆盘 $|w| < 1$.

　　显然，适合题意的分式线性映射不是唯一的.

　　方法 2　设 z 平面上单位圆盘 $|z| < 1$ 内部的一点 α 映射成 w 平面上的单位圆盘 $|w| < 1$ 的中心 $w = 0$，这时与点 α 对称于单位圆 $|z| = 1$ 的点 $\dfrac{1}{\overline{\alpha}}$ 应该被映射成 w 平面上的无穷远点（即与 $w = 0$ 对称的点）. 因此，当 $z = \alpha$ 时，$w = 0$，而当 $z = \dfrac{1}{\overline{\alpha}}$ 时，$w = \infty$，满足这些条件的分式线性映射具有如下形式：

$$w = k'\frac{z-\alpha}{z-\dfrac{1}{\bar\alpha}} = k'\overline{\alpha}\frac{-z-\alpha}{\overline{\alpha}z-1} = k\frac{z-\alpha}{1-\overline{\alpha}z},$$

即

$$w = k\frac{z-\alpha}{1-\overline{\alpha}z}.$$

这里 α 是 z 平面单位圆内部的任一点，k 是待定的复常数. 显然，适合题意的映射不是唯一的.

方法 3　由方法 2 知，适合题意的分式线性映射为

$$w = k\frac{z-\alpha}{1-\overline{\alpha}z}.$$

由于 z 平面上单位圆周上的点要映射成 w 平面上的点，所以当 $|z| = 1$ 时，$|w| = 1$ 令代入得

$$|w| = |k| \cdot \left|\frac{1-\alpha}{1-\alpha}\right| = |k| = 1,$$

即 $|k| = 1$，所以 $k = e^{i\theta}$，代入原式得

$$w = e^{i\theta} \cdot \frac{z-\alpha}{1-\overline{\alpha}z}.$$

这里 θ 为任意实数，α 为 z 平面单位圆内的任一点. 由此可见，适合题意的分式线性映射不是唯一的.

6.3　几个初等函数所构成的映射

6.3.1　幂函数 $w = z^n$（$n \geq 2$）

幂级数 $w = z^n$（n 为大于 1 的正整数）在 z 平面上处处解析，且 $w' = nz^{n-1}$ 除了 $z = 0$ 外处处不等于零，所以映射 $w = z^n$ 在 z 平面上除了 $z = 0$ 外，处处是保角映射.

（1）设 G 为射线 $\arg z = \theta_0$，求经过 $w = z^n$ 映射后的像 G'.

为确定 G'，首先，令 $z = re^{i\theta}$，$w = Re^{i\phi}$；其次，由 $\omega = z^n$ 得到

$$\begin{cases} R = r^n, \\ \phi = n\theta \end{cases}$$

其原因是不会改变像的位置，或者说，这样做不会影响像的确定；最后，由 G 确定 G'. 因 G 为 z 平面上的映射线 $\arg z = \theta_0$. 所以，有 $\phi = n\theta_0$，故 G' 为 w 平面上的射线 $\arg w = n\theta_0$.

（2）设 G 为圆周 $z = r_0$，求经 $w = z^n$ 映射后的像 G'.

前两个步骤与（1）同，现在来确定 G'. 由于 G 为圆周 $|z| = r_0$，所以有

$$R = r_0^n,$$

故 G' 为 w 平面上的圆周 $|w|=r_0^n$.

（3） $w=z^n$ 将模相同而辐角相差 $\dfrac{2\pi}{n}$ 的整数倍的点 z_1 与 z_2 映射为同一点.

（4） $w=z^n$ 将

$$G_k: k\frac{2\pi}{n}<\arg z<(k+1)\frac{2\pi}{n} \quad (k=0,1,2,\cdots,n-1)$$

映射为 G' ： $0<\arg w<2\pi$.

这里的 G' 即为从原点起沿正实轴剪开的 w 平面（见图 6.3）.

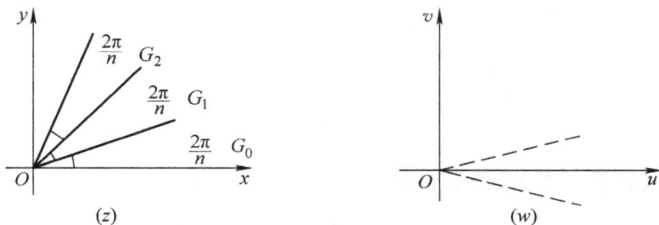

图 6.3

由于 G_k 与 G' 均可视为一种角形区域，所以该性质表明，幂函数具有将角形区域的张角扩大的映射性质.

易知，每一个 $G_k(0,1,2,\cdots,n-1)$ 都是 $w=z^n$ 的单叶性区域.

6.3.2 指数函数

$$w=e^z$$

（1）设 G 为平行于实轴的直线 $y=y_0$，求经 $w=e^z$ 映射后的像 G'.

为确定 G'，首先，令 $z=x+iy$， $w=\rho e^{i\varphi}$ ；其次，由 $w=e^z$ 得到

$$\begin{cases}\rho=e^x,\\ \varphi=y\end{cases}$$

其原因是不会改变像的位置，或者说，这样做不会影响像的确定. 最后，由 G 确定 G'. 因 G 为直线 $y=y_0$，所以得 $\varphi=y_0$，从而 G' 为平面上的一条始于原点的射线 $\varphi=y_0$.

（2）设 G 为线段： $x=x_0$， $0\leqslant y\leqslant 2\pi$，求经 $w=e^z$ 映射后的像 G'.

前两个步骤与（1）同，现在来确定 G'. 由于 G 为线段 $x=x_0$， $0\leqslant y\leqslant 2\pi$，所以有

$$\rho=e^{x_0},\ 0\leqslant\varphi\leqslant 2\pi,$$

故 G' 为 w 平面上的圆周 $|w|=e^{x_0}$.

（3）设 G_k ： $-\infty<x<+\infty$， $2\pi k<y<2\pi(k+1)$， k 为整数，求经 $w=e^z$ 映射后的像 G'.

前两个步骤相同（1），现在由 G 确定 G'. 由 G_k 中的 x 与 y 的取值范围可得 G'

的 ρ 与 φ 取值范围是：

$$0 < \rho < +\infty , \ 2\pi k < \varphi < 2\pi(k+1) , \ k \text{ 为整数}.$$

由此可知，G' 为 w 平面上从原点起始沿正实轴剪开的 w 平面（见图 6.4）.

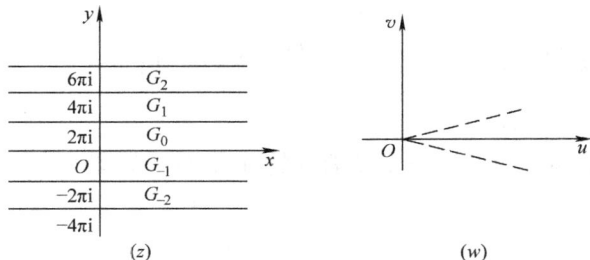

图　6.4

*6.3.3　茹科夫斯基函数的映射性质

茹科夫斯基函数除了 $z=0$ 外处处解析，且 $w' = \dfrac{1}{2}\left(1 - \dfrac{1}{z^2}\right)$，因此映射 $w = \dfrac{1}{2}\left(z + \dfrac{1}{z}\right)$ 除了 $z=0$ 外是一个保角映射.

令 $z = r\mathrm{e}^{\mathrm{i}\theta}$，$w = u + \mathrm{i}v$，则

$$\begin{aligned}
w &= \frac{1}{2}\left(z + \frac{1}{z}\right) = \frac{1}{2}\left(r\mathrm{e}^{\mathrm{i}\theta} + \frac{1}{r}\mathrm{e}^{-\mathrm{i}\theta}\right) \\
&= \frac{1}{2}\left(r + \frac{1}{r}\right)\cos\theta + \mathrm{i}\,\frac{1}{2}\left(r - \frac{1}{r}\right)\sin\theta,
\end{aligned}$$

从而得到

$$\begin{cases}
u = \dfrac{1}{2}\left(r + \dfrac{1}{r}\right)\cos\theta \\
v = \dfrac{1}{2}\left(r - \dfrac{1}{r}\right)\sin\theta
\end{cases}$$

由此可得如下结论：

（1）当 z 平面上的图形为单位圆周时，即 $|z| = 1$，经过茹科夫斯基映射 $w = \dfrac{1}{2}\left(z + \dfrac{1}{z}\right)$ 得

$$\begin{cases}
u = \cos\theta, \\
v = 0
\end{cases} \quad (0 \leqslant \theta \leqslant 2\pi)$$

从而有 $-1 \leqslant u \leqslant 1$，$v = 0$. 即经映射 $w = \dfrac{1}{2}\left(z + \dfrac{1}{z}\right)$ 将 z 平面上的图形为单位圆周 $|z| = 1$ 映射成 w 平面上的实轴上的线段 $[-1, 1]$.

（2）当 $|z| = r \neq 1$ 时，即半径为 r 的圆周，经映射 $w = \dfrac{1}{2}\left(z + \dfrac{1}{z}\right)$ 得

$$\frac{u^2}{\frac{1}{4}\left(r+\frac{1}{r}\right)^2}+\frac{v^2}{\frac{1}{4}\left(r-\frac{1}{r}\right)^2}=1.$$

它是 w 平面上的椭圆.

（3）z 平面上的单位圆域 $|z|<1$，通过 $w=\frac{1}{2}\left(z+\frac{1}{z}\right)$ 映射成以线段 $[-1,1]$ 为边界的全平面，此边界实际上是 w 平面上的裂缝 $[-1,1]$.

（4）上半圆域 $|z|<1$ 且 $\text{Im}(z)>0$，经 $w=\frac{1}{2}\left(z+\frac{1}{z}\right)$ 映射为下半平面 $\text{Im}(w)<0$.

（5）下半圆域 $|z|<1$ 且 $\text{Im}(z)<0$，经 $w=\frac{1}{2}\left(z+\frac{1}{z}\right)$ 映射为上半平面 $\text{Im}(w)>0$.

（6）上半单位圆外部 $|z|>1$ 且 $\text{Im}(z)>0$，经 $w=\frac{1}{2}\left(z+\frac{1}{z}\right)$ 映射为上半平面 $\text{Im}(w)>0$.

（7）下半单位圆外部 $|z|>1$ 且 $\text{Im}(z)<0$，经 $w=\frac{1}{2}\left(z+\frac{1}{z}\right)$ 映射为下半平面 $\text{Im}(w)<0$.

6.4 习题 6

1. 求映射 $w=z^2$ 在 $z=1+\mathrm{i}$ 处的旋转角及伸缩率.

2. 求在映射 $w=z^2$ 下，上半平面 $\text{Im}(z)>0$ 的像区域.

3. 求映射 $w=z^2$ 在 $z=1+\mathrm{i}$ 处的伸缩率和旋转角，并说明它将平面的哪一部分放大？哪一部分缩小？

4. 下列区域在指定映射下映射成什么图形？

（1）$\text{Re}(z)>0$，$w=\mathrm{i}z+\mathrm{i}$；　　　　　　（2）$\text{Im}(z)>0$，$w=(1+\mathrm{i})z$；

（3）$\text{Re}(z)>1$，$\text{Im}(z)>0$，$w=\dfrac{1}{z}$；　　（4）$|z|\leqslant1$，$w=\dfrac{z}{z-1}$.

5. 如果分式线性映射 $w=\dfrac{az+b}{cz+1}$ 将上半平面 $\text{Im}(z)>0$ 映射成下半平面 $\text{Im}(w)<0$，那么 a，b，c，d 应满足什么条件？

6. 求分式线性映射，它将 z_1，z_2，z_3 分别映射成 w_1，w_2，w_3.

（1）$z_1=-1$，$z_2=\mathrm{i}$，$z_3=1+\mathrm{i}$；$w_1=0$，$w_2=2\mathrm{i}$，$w_3=1-\mathrm{i}$；

（2）$z_1=-1$，$z_2=\infty$，$z_3=\mathrm{i}$；$w_1=\mathrm{i}$，$w_2=1$，$w_3=1+\mathrm{i}$.

7. 求将左半平面 $\text{Re}(z)<0$ 映射成单位圆域 $|w|<1$ 的分式线性映射.

8. 求将 $|z|<1$ 映射成 $|w-1|<1$ 的分式线性映射.

9. 求把上半平面 $\text{Im}(z)>0$ 映射成单位圆域 $|w|<1$ 且分别满足下列条件的分式线性映射：

（1）$w(\mathrm{i})=0$，$\arg w'(\mathrm{i})=-\dfrac{\pi}{2}$；

（2）$w(2\mathrm{i})=0$，$\arg w'(2\mathrm{i})=0$；

（3）$w(\mathrm{i})=0$，$w(-1)=1$.

10. 求把单位圆域 $|z|<1$ 映射成单位圆域 $|w|<1$ 且分别满足下列条件的分式线性映射：

（1）$w\left(\dfrac{\mathrm{i}}{2}\right)=0$，$\arg w'\left(\dfrac{\mathrm{i}}{2}\right)=\dfrac{\pi}{2}$；

（2）$w(0)=0$，$\arg w'(0)=-\dfrac{\pi}{2}$；

（3）$w\left(\dfrac{1}{2}\right)=0$，$\arg w'\left(\dfrac{1}{2}\right)=\dfrac{\pi}{2}$.

11. 求将 $x<0$，$y<0$ 变为单位圆域 $|w|<1$ 的映射.

12. 求将上半圆域映射为上半平面的映射.

13. 求将圆弧所围区域映射为上半平面的映射.

第 7 章　傅里叶变换

　　教学提示：傅里叶变换是一种对连续时间函数的积分变换，它通过特定形式的积分建立了函数之间的对应关系．它既能简化计算，又具有明确的物理意义，因而在许多领域被广泛地应用，如电力工程、通信和控制领域以及其他许多数学、物理和工程技术领域．

　　教学目标：通过本章的学习，了解傅里叶变换的定义；掌握傅里叶变换的性质与计算；掌握一些简单函数的傅里叶变换及逆变换．

　　在数学中，为了把较复杂的运算转化为较简单的运算，常常采取一种变换手段．积分变换起源于 19 世纪的运算危机，英国著名的无线电工程师海维赛德（O. Heaviside）在用它求解电工学、物理学等领域中的线性微分方程的过程中逐步形成一种所谓的符号法，后来符号法又演变成今天的积分变换法．所谓积分变换，就是把某函数类 A 中的函数 $f(t)$ 乘上一个确定的二元函数 $k(t, s)$，然后计算积分，即

$$F(s) = \int_{\Omega} f(t)k(t,s)\,\mathrm{d}t,$$

这样变成另一个函数类 B 中的函数 $F(s)$．这里二元函数 $k(t, s)$ 是一个确定的二元函数，通常称为该积分变换的核，$f(t)$ 称为像原函数，$F(s)$ 称为 $f(t)$ 的像函数．当选取不同的积分域和核函数时，就得到不同名称的积分变换．

　　设 **R** 是全体实数的集合，当 $\omega \in \mathbf{R}$，$a = -\infty$，$b = +\infty$ 时，由核函数 $k(t, \omega) = \mathrm{e}^{\mathrm{i} t \omega}$ 所确定的积分变换

$$F(\omega) = \int_{-\infty}^{+\infty} f(t)\,\mathrm{e}^{-\mathrm{i}\omega t}\,\mathrm{d}t$$

就是傅里叶变换．

　　设 s 属于复数集 **C**，当 $t \in [0, +\infty)$，$a = 0$，$b = +\infty$ 时，则由核函数 $k(s, t) = \mathrm{e}^{-st}$ 所确定的积分变换

$$F(s) = \int_{0}^{+\infty} f(t)\,\mathrm{e}^{-st}\,\mathrm{d}t$$

就是拉普拉斯变换．

7.1　傅里叶积分公式

7.1.1　傅里叶级数的复数形式

　　我们知道，以 T 为周期的函数 $f_T(t)$ 在区间 $[-T, T]$ 上满足狄利克雷（Dirichlet）条件，则在区间 $[-T/2, T/2]$ 上就可以展成傅里叶级数．

在函数 $f_T(t)$ 的连续点处, 级数的三角形式为

$$f_T(t) = \frac{a_0}{2} + \sum_{n=1}^{+\infty} (a_n \cos n\omega t + b_n \sin n\omega t), \tag{7.1}$$

其中, $\omega = \dfrac{2\pi}{T}$;

$$a_n = \frac{2}{T} \int_{-\frac{T}{2}}^{\frac{T}{2}} f_T(t) \cos n\omega t \, dt \, (n = 0, 1, 2, \cdots);$$

$$b_n = \frac{2}{T} \int_{-\frac{T}{2}}^{\frac{T}{2}} f_T(t) \sin n\omega t \, dt \, (n = 1, 2, \cdots).$$

为今后应用上的方便, 下面把傅里叶级数转换为复指数形式. 由欧拉公式

$$\cos\theta = \frac{e^{i\theta} + e^{-i\theta}}{2}, \quad \sin\theta = \frac{e^{i\theta} - e^{-i\theta}}{2},$$

此时, 式 (7.1) 可写为

$$f_T(t) = \frac{a_0}{2} + \sum_{n=1}^{+\infty} \left(\frac{a_n - ib_n}{2} e^{in\omega t} + \frac{a_n + ib_n}{2} e^{-in\omega t} \right),$$

再令

$$c_0 = \frac{a}{2}, \quad c_n = \frac{a_n - ib_n}{2}, \quad c_{-n} = \frac{a_n + ib_n}{2} \quad (n = 1, 2, 3, \cdots),$$

若令 $\omega_n = n\omega \ (n = 0, \pm 1, \pm 2, \cdots)$, 则式 (7.1) 可写为

$$\begin{aligned}
f_T(t) &= c_0 + \sum_{n=1}^{+\infty} (c_n e^{i\omega_n t} + c_{-n} e^{-i\omega_n t}) \\
&= \sum_{-\infty}^{+\infty} c_n e^{i\omega_n t}
\end{aligned} \tag{7.2}$$

其中

$$c_n = \frac{1}{T} \int_{-\frac{T}{2}}^{\frac{T}{2}} f_T(t) e^{-i\omega_n t} \, dt \, (n = 0, \pm 1, \pm 2, \cdots).$$

这就是傅里叶级数的复数形式.

一般而言, 任何一个非周期函数 $f(t)$ 都可以看成是由某个周期函数 $f_T(t)$ 当周期 $T \to +\infty$ 时转化而来的, 即

$$\lim_{T \to +\infty} f_T(t) = f(t).$$

下面我们讨论非周期函数的展开问题.

7.1.2　傅里叶积分公式

在式 (7.2) 中令 $T \to +\infty$ 时, 所得的极限可以看成是 $f(t)$ 的展开, 即

$$f(t) = \lim_{T \to +\infty} \frac{1}{T} \sum_{n=-\infty}^{+\infty} \left[\int_{-\frac{T}{2}}^{\frac{T}{2}} f_T(\tau) e^{-i\omega_n \tau} \, d\tau \right] e^{i\omega_n t}.$$

当 n 取一切整数时, ω_n 所对应的点均匀地分布在整个数轴上. 若取两个相邻点的距离以 $\Delta\omega$ 表示, 即

$$\Delta\omega = \omega_n - \omega_{n-1} = \frac{2\pi}{T} \text{或} T = \frac{2\pi}{\Delta\omega},$$

则当 $T \to +\infty$ 时，有 $\Delta\omega \to 0$，所以上式又可以写为

$$f(t) = \lim_{\Delta\omega \to 0} \frac{1}{2\pi} \sum_{n=-\infty}^{+\infty} \Big[\int_{-\frac{T}{2}}^{\frac{T}{2}} f_T(\tau) e^{-i\omega_n\tau} d\tau \Big] e^{i\omega_n t} \Delta\omega. \tag{7.3}$$

当 t 固定时，$\dfrac{1}{2\pi} \int_{-\frac{T}{2}}^{\frac{T}{2}} f_T(\tau) e^{-i\omega\tau} d\tau e^{i\omega t}$ 是参数 ω 的函数，记为 $\Phi_T(\omega)$，即

$$\Phi_T(\omega) = \frac{1}{2\pi} \int_{-\frac{T}{2}}^{\frac{T}{2}} f_T(\tau) e^{-i\omega\tau} d\tau e^{i\omega t}.$$

利用 $\Phi_T(\omega)$ 可将式 (7.3) 写成

$$f(t) = \lim_{\Delta\omega \to 0} \sum_{n=-\infty}^{+\infty} \Phi_T(\omega_n) \Delta\omega.$$

很明显，当 $\Delta\omega \to 0$ 时，即 $T \to +\infty$，有 $\Phi_T(\omega) \to \Phi(\omega)$，这里

$$\Phi(\omega) = \frac{1}{2\pi} \int_{-\infty}^{+\infty} f(\tau) e^{-i\omega\tau} d\tau e^{i\omega t},$$

由定积分的定义，有

$$f(t) = \int_{-\infty}^{+\infty} \Phi(\omega) d\omega$$

$$= \frac{1}{2\pi} \int_{-\infty}^{+\infty} \Big[\int_{-\infty}^{+\infty} f(\tau) e^{-i\omega\tau} d\tau \Big] e^{i\omega t} d\omega. \tag{7.4}$$

这个公式称为非周期函数 $f(t)$ 的傅里叶积分公式（简称傅里叶积分公式），等号右端的积分式称为函数 $f(t)$ 的傅里叶积分（简称傅里叶积分）. 应该指出，上式只是由式 (7.3) 的右端从形式上推导出来的，是不严格的. 至于一个非周期函数 $f(t)$ 在什么条件下，可以用傅里叶积分公式表示，有下面的定理.

傅里叶积分定理 若函数 $f(t)$ 在 $(-\infty, +\infty)$ 上满足：

（1）在任一有限区间上满足狄利克雷条件；

（2）在无限区间 $(-\infty, +\infty)$ 上绝对可积（即积分 $\int_{-\infty}^{+\infty} |f(t)| dt$ 收敛）则有

$$\frac{1}{2\pi} \int_{-\infty}^{+\infty} \Big[\int_{-\infty}^{+\infty} f(\tau) e^{-i\omega\tau} d\tau \Big] e^{i\omega t} d\omega = \begin{cases} f(t), & \text{在连续点处,} \\ \dfrac{1}{2}[f(t+0) + f(t-0)], & \text{在间断点处,} \end{cases}$$

$$\tag{7.5}$$

定理的证明要用到较多的基础理论，这里从略.

式 (7.5) 是傅里叶积分公式的复指数形式，利用欧拉公式，可以换为如下的三角形式. 因为积分 $\int_{-\infty}^{+\infty} f(\tau) \sin\omega(t-\tau) d\tau$ 和 $\int_{-\infty}^{+\infty} f(\tau) \cos\omega(t-\tau) d\tau$ 分别是 ω 的奇函数和偶函数，所以有

$$f(t) = \frac{1}{2\pi} \int_{-\infty}^{+\infty} \Big[\int_{-\infty}^{+\infty} f(\tau) e^{-i\omega\tau} d\tau \Big] e^{i\omega t} d\omega$$

$$= \frac{1}{2\pi} \int_{-\infty}^{+\infty} \Big[\int_{-\infty}^{+\infty} f(\tau) e^{i\omega(\tau-t)} d\tau \Big] d\omega$$

$$= \frac{1}{2\pi} \int_{-\infty}^{+\infty} \left[\int_{-\infty}^{+\infty} f(\tau) \cos\omega(t-\tau) d\tau + i \int_{-\infty}^{+\infty} f(\tau) \sin\omega(t-\tau) d\tau \right] d\omega$$

$$= \frac{1}{2\pi} \int_{-\infty}^{+\infty} \left[\int_{-\infty}^{+\infty} f(\tau) \cos\omega(t-\tau) d\tau \right] d\omega$$

$$= \frac{1}{2\pi} \int_{0}^{+\infty} d\omega \int_{-\infty}^{+\infty} f(\tau) \cos\omega(t-\tau) d\tau.$$

这就是 $f(t)$ 的傅里叶积分公式的三角表示式.

7.2 傅里叶变换

7.2.1 傅里叶变换的概念

定义 如果函数 $f(t)$ 满足傅里叶积分定理, 由式 (7.4), 设

$$F(\omega) = \int_{-\infty}^{+\infty} f(t) e^{-i\omega t} dt \tag{7.6}$$

则

$$f(t) = \frac{1}{2\pi} \int_{-\infty}^{+\infty} F(\omega) e^{i\omega t} d\omega. \tag{7.7}$$

从上面两式可以看出 $f(t)$ 和 $F(\omega)$ 通过指定的积分运算可以互相转换. 式 (7.6) 称为 $f(t)$ 的傅里叶变换式 (简称傅里叶变换), 记为

$$F(\omega) = F[f(t)]$$

$F(\omega)$ 称为 $f(t)$ 的像函数, 其积分运算称为取 $f(t)$ 的傅里叶变换. 式 (7.7) 称作 $F(\omega)$ 的傅里叶逆变换式, 记为

$$f(t) = F^{-1}[F(\omega)]$$

$f(t)$ 称作 $F(\omega)$ 的像原函数, 其积分运算称为取 $f(t)$ 的傅里叶逆变换. 通常称像函数 $F(\omega)$ 与像原函数 $f(t)$ 构成一个傅里叶变换对.

【**例 7.1**】 求指数衰减函数 $f(t) = \begin{cases} 0, & t < 0 \\ e^{-\beta t}, & t \geq 0 \end{cases}$ 的傅里叶变换及傅里叶积分表达式, $\beta > 0$. 指数衰减函数, 是工程技术中常遇到的一个函数.

解 由傅里叶变换的定义

$$\begin{aligned} F(\omega) &= F[f(t)] \\ &= \int_{0}^{+\infty} e^{-\beta t} e^{-i\omega t} dt \\ &= \frac{1}{\beta + i\omega} \\ &= \frac{\beta - i\omega}{\beta^2 + \omega^2}. \end{aligned}$$

其傅里叶积分表达式为

$$\begin{aligned} f(t) &= F^{-1}[F(\omega)] \\ &= \frac{1}{2\pi} \int_{-\infty}^{+\infty} \frac{\beta - i\omega}{\beta^2 + \omega^2} e^{i\omega t} d\omega \\ &= \frac{1}{2\pi} \int_{-\infty}^{+\infty} \frac{(\beta - i\omega)(\cos\omega t + i\sin\omega t)}{\beta^2 + \omega^2} d\omega, \end{aligned}$$

利用奇、偶函数的积分性质，可得

$$f(t) = \frac{1}{\pi}\int_0^{+\infty} \frac{\beta\cos\omega t + \omega\sin\omega t}{\beta^2 + \omega^2}dt.$$

由此顺便得到一个含参变量广义积分的结果：

$$\int_0^{+\infty} \frac{\beta\cos\omega t + \omega\sin\omega t}{\beta^2 + \omega^2}dt = \begin{cases} 0, & t < 0, \\ \dfrac{\pi}{2}, & t = 0, \\ \pi e^{-\beta x}, & t > 0. \end{cases}$$

求一个函数的积分表达式时，能够得到某些含参变量广义积分的值，这是积分变换的一个重要作用，也是含参变量广义积分的一种巧妙的解法.

7.2.2 δ 函数及其傅里叶变换

在物理学中，除了有连续分布的物理量外，常有集中于一点或一瞬时的量，如脉冲力、脉冲电压、点电荷、质点的质量等. 在通常意义下的函数类中找不到一个函数来表示这种性质，只有引入一个特殊函数来表示它们的分布密度，才有可能把这种集中的量与连续分布的量来统一处理，这个函数称为狄拉克（Dirac）函数，并简称为 δ 函数.

δ 函数是一个广义函数，它没有通常意义下的"函数值"，也不能用通常意义下的"值的对应关系"来定义. 形式上 δ 函数可看成是普通函数序列的极限，即

$$\delta(t) = \lim_{\tau\to 0}\delta_\tau(t),$$

其中，$\delta_\tau(t) = \begin{cases} 0, & t < 0 \\ \dfrac{1}{\tau}, & 0 \le t \le \tau, \\ & t > \tau \end{cases}$ $\delta_\tau(t)$ 的图形如图 7.1 所示. 对于任何的 $\tau > 0$，显然有

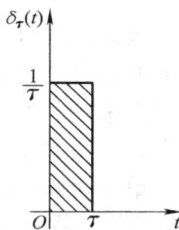

图 7.1

$$\int_{-\infty}^{+\infty}\delta_\tau(t)dt = \int_0^\tau \frac{1}{\tau}dt = 1,$$

所以

$$\int_{-\infty}^{+\infty}\delta(t)dt = 1.$$

如上所述，δ 函数可以理解为：这个函数在 $t = 0$ 的非常狭小的邻域内取非常大的值，在这个邻域以外，函数值处处为零. 工程上，常将 δ 函数称为单位脉冲函数，并用一个长度为 1 的有向线段来表示，这个线段的长度表示 δ 函数的积分值，称为 δ 函数的强度，如图 7.2 所示.

图 7.2

函数有一重要性质（筛选性质），如果 δ 函数与某一连续函数相乘，则其乘积仅在 $t = 0$ 处得到 $f(0)\delta(t)$，其余各点（$t \ne 0$）的

87

乘积均为零，于是

$$\int_{-\infty}^{+\infty} \delta(t) f(t) \mathrm{d}t = f(0). \tag{7.8}$$

同理，对于延时 t_0 的 δ 函数 $\delta(t - t_0)$，只有在 $t = t_0$ 时才不等于零. 因此有

$$\int_{-\infty}^{+\infty} \delta(t - t_0) f(t) \mathrm{d}t = \int_{-\infty}^{+\infty} \delta(t - t_0) f(t_0) \mathrm{d}t = f(t_0). \tag{7.9}$$

式（7.8）和式（7.9）表示 δ 函数的筛选（又称采样）性质，它表明 δ 函数与任何连续函数的乘积在 $(-\infty, +\infty)$ 上的积分有明确的意义，这个性质对连续信号的离散采样十分重要，因此在工程技术中有广泛的应用.

由式（7.8）可得 δ 函数的傅里叶变换

$$F(\omega) = F[\delta(t)] = \int_{-\infty}^{+\infty} \delta(t) \mathrm{e}^{-\mathrm{i}\omega t} \mathrm{d}t = \mathrm{e}^{-\mathrm{i}\omega t} \Big|_{t=0} = 1,$$

$$\delta(t) = F^{-1}[1] = \frac{1}{2\pi} \int_{-\infty}^{+\infty} 1 \mathrm{e}^{\mathrm{i}\omega t} \mathrm{d}\omega.$$

一般地，有

$$F(\omega) = F[\delta(t - t_0)] = \int_{-\infty}^{+\infty} \delta(t - t_0) \mathrm{e}^{-\mathrm{i}\omega t} \mathrm{d}t = \mathrm{e}^{-\mathrm{i}\omega t_0}.$$

因此，$\delta(t)$ 与 1，$\delta(t - t_0)$ 与 $\mathrm{e}^{-\mathrm{i}\omega t_0}$ 分别构成了傅里叶变换对. 需要指出的是，以上的积分不是通常意义下的积分，它们是根据 δ 函数的定义和筛选性质从形式上推导出来的，所以 δ 函数的傅里叶变换应理解为一种广义的傅里叶变换. 在工程技术中，有许多重要的函数不满足傅里叶积分定理的条件，例如常数函数、符号函数、单位阶跃函数、正弦函数和余弦函数等，但它们的广义傅里叶变换也是存在的（所谓广义是相对古典意义而言的，这涉及广义函数论等较复杂的理论，在此不做深入的讨论）. 利用单位脉冲函数及其傅里叶变换可以求出它们的傅里叶变换.

【例 7.2】　证明 $f(t) = 1$ 的傅里叶变换为 $F(\omega) = 2\pi\delta(\omega)$.

证　$f(t) = F^{-1}[F(\omega)] = \dfrac{1}{2\pi} \displaystyle\int_{-\infty}^{+\infty} F(\omega) \mathrm{e}^{\mathrm{i}\omega t} \mathrm{d}\omega$

$$= \frac{1}{2\pi} \int_{-\infty}^{+\infty} 2\pi\delta(\omega) \mathrm{e}^{\mathrm{i}\omega t} \mathrm{d}\omega = \mathrm{e}^{\mathrm{i}\omega t} \Big|_{\omega=0} = 1,$$

所以 1 的傅里叶变换为 $F(\omega) = 2\pi\delta(\omega)$.

同理，$\mathrm{e}^{\mathrm{i}\omega_0 t}$ 的傅里叶变换是 $F(\omega) = 2\pi\delta(\omega - \omega_0)$.

【例 7.3】　求余弦函数 $f(t) = \cos\omega_0 t$ 的傅里叶变换.

解　$F(\omega) = F[f(t)] = \displaystyle\int_{-\infty}^{+\infty} \cos\omega_0 t \mathrm{e}^{-\mathrm{i}\omega t} \mathrm{d}t$

$$= \frac{1}{2} \int_{-\infty}^{+\infty} (\mathrm{e}^{\mathrm{i}\omega_0 t} + \mathrm{e}^{-\mathrm{i}\omega_0 t}) \mathrm{e}^{-\mathrm{i}\omega t} \mathrm{d}t$$

$$= \frac{1}{2} [2\pi\delta(\omega - \omega_0) + 2\pi\delta(\omega + \omega_0)]$$

$$= \pi[\delta(\omega - \omega_0) + \delta(\omega + \omega_0)].$$

7.3 傅里叶变换的性质

这一节我们将介绍傅里叶变换的一些基本性质. 为了叙述方便, 假设所涉及的函数的傅里叶变换都存在.

7.3.1 线性性质

$$F[\alpha f_1(t) + \beta f_2(t)] = \alpha F[f_1(t)] + \beta F[f_2(t)] \, (\alpha, \beta \text{ 为常数}).$$

这个性质说明函数的线性组合的傅里叶变换等于各函数傅里叶变换的线性组合.

同理, 逆变换具有类似的线性性质, 即

$$F^{-1}[\alpha F_1(\omega) + \beta F_2(\omega)] = \alpha F^{-1}[F_1(\omega)] + \beta F^{-1}[F_2(\omega)].$$

7.3.2 位移性质

设 $F[f(t)] = F(\omega)$, t_0 为实常数, 则

$$F[f(t - t_0)] = \mathrm{e}^{-\mathrm{i}\omega t_0} F(\omega).$$

这个性质也称为时移性, 表示时间函数 $f(t)$ 沿 t 轴向右平移 (也称延时) t_0 后的傅里叶变换等于 $f(t)$ 的傅里叶变换乘以因子 $\mathrm{e}^{-\mathrm{i}\omega t_0}$.

同样, 傅里叶逆变换也具有类似的位移性质, 即

$$F^{-1}[F(\omega - \omega_0)] = f(t)\mathrm{e}^{\mathrm{i}\omega_0 t}.$$

7.3.3 微分性质

若 $f'(t)$ 在 $(-\infty, +\infty)$ 上连续或只有有限个可去间断点, 且当 $|t| \to +\infty$ 时, $f(t) \to 0$, 则

$$F[f'(t)] = \mathrm{i}\omega F[f(t)].$$

这个性质说明一个函数的导数的傅里叶变换等于这个函数的傅里叶变换乘以因子 $\mathrm{i}\omega$.

同样, 我们还可以得到像函数的导数公式, 即

$$\frac{\mathrm{d}F(\omega)}{\mathrm{d}\omega} = -\mathrm{i}F[tf(t)].$$

7.3.4 对称性质

设 $F[f(t)] = F(\omega)$, 则

$$F[F(t)] = 2\pi f(-\omega).$$

这个性质说明了傅里叶变换与其逆变换的关系.

7.3.5 积分性质

若当 $t \to +\infty$ 时, $g(t) = \int_{-\infty}^{t} f(t)\mathrm{d}t \to 0$, 则

$$F\left[\int_{-\infty}^{t} f(t)\mathrm{d}t\right] = \frac{1}{\mathrm{i}\omega} F[f(t)].$$

这个性质表明一个函数积分后的傅里叶变换等于这个函数的傅里叶变换除以 $\mathrm{i}\omega$. 当 $\lim\limits_{t \to +\infty} g(t) \neq 0$ 时, 积分性质应为

$$F\left[\int_{-\infty}^{t} f(t)\,\mathrm{d}t\right] = \frac{1}{\mathrm{i}\omega}F[f(t)] + \pi F(0)\delta(\omega).$$

7.3.6　相似性质

设 $F[f(t)] = F(\omega)$，$a \neq 0$，则

$$F[f(at)] = \frac{1}{|a|}F\left(\frac{\omega}{a}\right).$$

同样，逆变换也具有类似的相似性质，即

$$F^{-1}[F(a\omega)] = \frac{1}{|a|}f\left(\frac{t}{a}\right).$$

【例 7.4】　求矩形单脉冲函数 $f(t) = \begin{cases} E, & 0 < t < \tau, \\ 0, & \text{其他} \end{cases}$ 的傅里叶变换.

解　由傅里叶变换的定义，有

$$F(\omega) = F[f(t)] = \int_{-\infty}^{+\infty} f(t)\mathrm{e}^{-\mathrm{i}\omega t}\mathrm{d}t = -\frac{E}{\mathrm{i}\omega}\mathrm{e}^{-\mathrm{i}\omega t}\bigg|_{0}^{\tau} = \frac{2E}{\omega}\mathrm{e}^{-\mathrm{i}\frac{\omega t}{2}}\sin\frac{\omega\tau}{2}.$$

又注意到，记

$$f_1(t) = \begin{cases} E, & |t| < \dfrac{\tau}{2}, \\ 0, & \text{其他}, \end{cases}$$

则 $F_1(\omega) = F[f_1(t)] = \dfrac{2E}{\omega}\sin\dfrac{\omega\tau}{2}$，且 $f(t) = f_1\left(t - \dfrac{\tau}{2}\right)$，由位移性质知

$$F(\omega) = F[f(t)] = F\left[f_1\left(t - \frac{\tau}{2}\right)\right] = \mathrm{e}^{-\mathrm{i}\omega\tau}F[f_1(t)] = \frac{2E}{\omega}\mathrm{e}^{-\mathrm{i}\frac{\omega\tau}{2}}\sin\frac{\omega\tau}{2}.$$

【例 7.5】　已知 $F[f(t)] = F(\omega)$，求 $F[(t-2)f(t)]$.

解　$F[(t-2)f(t)] = F[tf(t) - 2f(t)]$
$$= F[tf(t)] - 2F[f(t)] = \mathrm{i}F'(\omega) - 2F(\omega).$$

7.4　习题 7

1. 试证：若 $f(t)$ 满足傅里叶积分定理中的条件，则有

$$f(t) = \frac{1}{\pi}\int_0^{+\infty}\left[\int_{-\infty}^{+\infty} f(\tau)\cos\omega(t-\tau)\mathrm{d}\tau\right]\mathrm{d}\omega.$$

2. 试证：若 $f(t)$ 满足傅里叶积分定理中的条件，

（1）当 $f(t)$ 为奇函数时，则有 $f(t) = \displaystyle\int_0^{+\infty} b(\omega)\sin\omega t\,\mathrm{d}\omega$，其中 $b(\omega) = \dfrac{2}{\pi}\displaystyle\int_{-\infty}^{+\infty} f(\tau)\sin\omega\tau\,\mathrm{d}\tau$；

（2）当 $f(t)$ 为偶函数时，则有 $f(t) = \displaystyle\int_0^{+\infty} a(\omega)\cos\omega t\,\mathrm{d}\omega$，其中 $a(\omega) = \dfrac{2}{\pi}\displaystyle\int_{-\infty}^{+\infty} f(\tau)\cos\omega\tau\,\mathrm{d}\tau$；

3. 求下列函数的傅里叶变换.

（1）$f(t) = \mathrm{e}^{-\beta|t|}\ (\beta > 0)$；　　　　（2）$f(t) = \mathrm{e}^{-|t|}\cos t$；

（3）$f(t) = \begin{cases} \sin t, & |t| \leqslant \pi, \\ 0, & |t| > \pi; \end{cases}$　　　　（4）$f(t) = \begin{cases} A\cos\omega_0 t, & |t| \leqslant T, \\ 0, & |t| > T; \end{cases}$

（5）$f(t) = \begin{cases} \dfrac{1}{2} - \dfrac{1}{2}\cos\dfrac{\pi t}{T}, & |t| < T, \\ 0, & |t| > T; \end{cases}$　　（6）$f(t) = \mathrm{e}^{-|t|}\cos t$；

（7）$f(t) = \dfrac{\sin at}{\pi t}$.

4. 已知某函数的傅里叶变换为 $F(\omega) = \dfrac{\sin\omega}{\omega}$，求该函数 $f(t)$.

5. 求函数 $f(t) = \sin t\cos t$ 的傅里叶变换.

6. 试求函数 $f(t) = \sin\left(5t + \dfrac{\pi}{3}\right)$ 的傅里叶变换.

7. 求函数 $f(t) = \dfrac{1}{2}\left[\delta(t+a) + \delta(t-a) + \delta\left(t+\dfrac{a}{2}\right) + \delta\left(t-\dfrac{a}{2}\right)\right]$ 的傅里叶变换.

8. 求下列函数的傅里叶积分.

（1）$f(t) = \begin{cases} 1 - t^2, & t^2 < 1, \\ 0, & t^2 > 1; \end{cases}$　　　　（2）$f(t) = \begin{cases} 0, & t < 0, \\ \mathrm{e}^{-t}\sin 2t, & t \geqslant 0; \end{cases}$

（3）$f(t) = \begin{cases} -1, & -1 \leqslant t < 0, \\ 1, & 0 < t \leqslant 1, \\ 0, & t > 1. \end{cases}$

9. 利用傅里叶变换的性质求下列函数的傅里叶变换.

（1）$tf(at - b)$；　　　　　　（2）$\dfrac{\mathrm{d}}{\mathrm{d}t}f(at - b)$；

（3）$(at - b)f(at - b)$；　　　（4）$\displaystyle\int_{-\infty}^{t} f(2t - 2)\,\mathrm{d}t$；

（5）$f(t)\cos\omega_0(t - b)$.

10. 利用像函数的微分性质，求 $f(t) = t\mathrm{e}^{-t^2}$ 的傅里叶变换.

11. 设 函 数 $f(t) = \begin{cases} 1(|t| < 1) \\ 0(|t| > 1) \end{cases}$，利用对称性质，证明：$F\left[\dfrac{\sin t}{\tau}\right] = \begin{cases} \pi, & |\omega| < 1, \\ 0, & |\omega| > 1. \end{cases}$

第 8 章　拉普拉斯变换

教学提示：傅里叶变换在许多领域中发挥着重要的作用，但是在实际应用中受到一些限制．本章主要讨论的拉普拉斯变换放宽了对函数的限制并使之更适合工程实际，并且保留了傅里叶变换的许多性质，而且某些性质（如微分性质、卷积等）比傅里叶变换更实用、更方便．

教学目标：了解拉普拉斯变换及其逆变换的概念；理解拉普拉斯变换的性质，掌握拉普拉斯变换及逆变换的方法；掌握用拉普拉斯变换的方法解微分方程．

拉普拉斯（Laplace）变换在电学、力学、控制论等工程技术和科学领域中有着广泛的应用．它对像原函数 $f(t)$ 的要求的条件比傅里叶变换要弱，所以在某些问题上，它比傅里叶变换的适用范围要广．

8.1　拉普拉斯变换的概念

由上一章可知，可进行傅里叶变换的函数必须在整个数轴上有定义，而在许多物理现象中，考虑到的是以时间 t 为自变量的函数，仅仅定义于区间 $[0, +\infty)$，或者约定当 $t < 0$ 时函数恒为零．此外还应满足傅里叶积分存在定理的两个条件：①在任一有限区间上满足狄利克雷条件；②在无限区间 $(-\infty, +\infty)$ 上绝对可积．而傅里叶变换的第二个条件过强，在实际应用中许多函数不能满足，例如单位阶跃函数、正弦函数、余弦函数等，虽满足狄利克雷条件，但非绝对可积．因此，对这些函数就不能进行古典意义下的傅里叶变换．尽管在第 7 章里，通过引入 δ 函数，在广义下对非绝对可积函数进行了傅里叶变换，但 δ 函数使用很不方便．由此可见，傅里叶变换的应用范围受到了极大的限制，必须引入一种新的变换．

能否对某些函数 $\varphi(t)$ 做适当的改造，使其进行傅里叶变换时能避免上述限制呢？答案是肯定的．由于单位阶跃函数 $u(t)$ 在 $t < 0$ 时恒为零，因此 $\varphi(t)u(t)$ 可使积分区间从 $(-\infty, +\infty)$ 变成 $[0, +\infty)$；另外函数 $e^{-\beta t}$（$\beta > 0$）具有衰减性质，对于许多非绝对可积的函数 $\varphi(t)$．总可选择适当大的 β，使 $\varphi(t)u(t)e^{-\beta t}$ 满足绝对可积的条件．而对函数 $\varphi(t)u(t)e^{-\beta t}$ 取傅里叶变换，就产生了对函数 $\varphi(t)$ 的拉普拉斯变换．

对函数 $\varphi(t)u(t)e^{-\beta t}$ 取傅里叶变换，可得

$$G_\beta(\omega) = \int_{-\infty}^{+\infty} \varphi(t) u(t) e^{-\beta t} e^{-i\omega t} dt$$

$$= \int_{-\infty}^{+\infty} f(t) e^{-(\beta+i\omega)t} dt = \int_0^{+\infty} f(t) e^{-st} dt,$$

其中，$s = \beta + i\omega$，$f(t) = \varphi(t) u(t)$，或再设

$$F(s) = G_\beta\left(\frac{s-\beta}{i}\right),$$

则得 $F(s) = \int_0^{+\infty} f(t) e^{-st} dt$.

由此式所确定的函数 $F(s)$，实际上是由函数 $f(t)$ 通过另外一种新的积分变换得到的，这种新的积分变换就是拉普拉斯变换.

定义 8.1 设函数 $f(t)$ 当 $t \geq 0$ 时有定义，而且积分

$$\int_0^{+\infty} f(t) e^{-st} dt (s \text{ 是一个复参量})$$

在 s 的某一邻域内收敛，则由此积分确定的函数可以写为

$$F(s) = \int_0^{+\infty} f(t) e^{-st} dt. \tag{8.1}$$

我们称式（8.1）为函数 $f(t)$ 的拉普拉斯变换式，记为

$$F(s) = L[f(t)],$$

$F(s)$ 称为 $f(t)$ 的拉普拉斯变换（或称为像函数）.

若 $F(s)$ 是 $f(t)$ 的拉普拉斯变换，则称 $f(t)$ 为 $F(s)$ 的拉普拉斯逆变换（或称像原函数），记为

$$f(t) = L^{-1}[F(s)].$$

综上可见，$f(t)(t \geq 0)$ 的拉普拉斯变换实际上就是 $f(t) u(t) e^{-\beta t}$ 的傅里叶变换，因此说拉普拉斯变换实质上是一种单边的广义傅里叶变换，单边是指积分区间从 0 到 $+\infty$，广义是指函数 $f(t)$ 要乘上 $u(t) e^{-\beta t}$ 后，再做傅里叶变换.

【例 8.1】 求单位阶跃函数 $u(t) = \begin{cases} 0, t < 0 \\ 1, t > 0 \end{cases}$ 的拉普拉斯变换.

解 由拉普拉斯变换的定义，有

$$L[u(t)] = \int_0^{+\infty} e^{-st} dt = -\frac{1}{s} e^{-st} \Big|_0^{+\infty}.$$

设 $s = \beta + i\omega$，由于 $|e^{-st}| = |e^{-(\beta+i\omega)t}| = e^{-\beta t}$，所以当且仅当 $\text{Re} s = \beta > 0$ 时，$\lim\limits_{t \to +\infty} e^{-st} = 0$，从而

$$L[u(t)] = \frac{1}{s} \quad (\text{Re} s > 0).$$

【例 8.2】 求指数函数 $f(t) = e^{kt}$ 的拉普拉斯变换.

解 由定义，有

$$L[e^{kt}] = \int_0^{+\infty} e^{kt}e^{-st}dt = -\frac{1}{s-k}e^{-(s-k)t}\Big|_0^{+\infty} = \frac{1}{s-k}(\mathrm{Res} > \mathrm{Re}\,k).$$

定义 8.2　对于实变量的复值函数 $f(t)$，如果存在两个常数 $M > 0$ 及 $c \geq 0$，使对于一切 $t \geq 0$，都有 $|f(t)| \leq Me^{ct}$ 成立，即 $f(t)$ 的增长速度不超过指数函数，则称 $f(t)$ 为指数级函数，c 为其增长指数.

定理 8.1（拉普拉斯存在定理）　若函数 $f(t)$ 满足下列条件：

(1) 当 $t < 0$ 时，$f(t) = 0$；

(2) $f(t)$ 在 $t \geq 0$ 的任一有限区间上分段连续；

(3) $f(t)$ 是指数级函数，

则函数 $f(t)$ 的拉普拉斯变换 $F(s) = \int_0^{+\infty} f(t)e^{-st}dt$ 在半平面 $\mathrm{Re}\,s > c$（c 为 $f(t)$ 的增长指数）上一定存在，此时上式右端的积分在 $\mathrm{Re}\,s \geq c_1 > c$ 上绝对收敛且一致收敛，同时在 $\mathrm{Re}\,s > c$ 的半平面内，$F(s)$ 为解析函数.

证　由条件 (3) 可知，存在常数 $M > 0$ 及 $c > 0$，使得对于任何 t 值（$0 \leq t < +\infty$），有

$$|f(t)e^{-st}| = |f(t)| \, e^{-\beta t} \leq Me^{-(\beta-c)t}, \mathrm{Re}\,s = \beta,$$

若令 $\beta - c \geq \varepsilon > 0$（即 $\beta \geq c + \varepsilon = c_1 > c$），则

$$|f(t)e^{-st}| \leq Me^{-st},$$

所以
$$\int_0^{+\infty} |f(t)e^{-st}| \, dt \leq \int_0^{+\infty} Me^{-st}dt = \frac{M}{\varepsilon}.$$

根据含参量广义积分的性质可知，在 $\mathrm{Re}\,s \geq c_1 > c$ 上，式（8.1）右端的积分不仅绝对收敛而且一致收敛，即 $F(s)$ 存在.

若在式（8.1）的积分号内对 s 求导，则

$$\int_0^{+\infty} \frac{\mathrm{d}}{\mathrm{d}s}[f(t)e^{-st}]dt = \int_0^{+\infty} -tf(t)e^{-st}dt,$$

而
$$|-tf(t)e^{-st}| \leq Mte^{-(\beta-c)t} \leq Mte^{-st},$$

得
$$\int_0^{+\infty} \left| \frac{\mathrm{d}}{\mathrm{d}s}[f(t)e^{-st}] \right| dt \leq \int_0^{+\infty} Mte^{-st}dt = \frac{M}{\varepsilon^2}.$$

由此可见，$\int_0^{+\infty} \frac{\mathrm{d}}{\mathrm{d}s}[f(t)e^{-st}]dt$ 在半平面 $\mathrm{Re}\,s \geq c_1 > c$ 内也是绝对收敛且一致收敛的，从而微分和积分的次序可以交换，即

$$\frac{\mathrm{d}}{\mathrm{d}s}F(s) = \frac{\mathrm{d}}{\mathrm{d}s}\int_0^{+\infty} f(t)e^{-st}dt = \int_0^{+\infty} \frac{\mathrm{d}}{\mathrm{d}s}[f(t)e^{-st}]dt$$

$$= \int_0^{+\infty} -tf(t)e^{-st}dt = L[-tf(t)].$$

这就表明，$F(s)$ 在 $\mathrm{Re}\,s > c$ 内是可微的，由复变函数的解析函数理论可知，$F(s)$ 在 $\mathrm{Re}\,s > c$ 内是解析的.

另外，需要特别指出的是，对于满足拉普拉斯存在定理条件的函数$f(t)$在$t=0$处有界时，$f(0)$取什么值与讨论$f(t)$的拉普拉斯变换没有关系，因为$f(t)$在一点处的值，不会影响积分

$$L[f(t)] = \int_0^{+\infty} f(t)e^{-st}dt,$$

此时积分下限取0^+或0^-都可以. 但是，假如$f(t)$在$t=0$处包含了脉冲函数，我们就必须区分这个积分区间是否包含了$t=0$这一点.

记

$$L_+[f(t)] = \int_{0^+}^{+\infty} f(t)e^{-st}dt;$$

$$L_-[f(t)] = \int_{0^-}^{+\infty} f(t)e^{-st}dt = \int_{0^-}^{0^+} f(t)e^{-st}dt + \int_{0^+}^{+\infty} f(t)e^{-st}dt$$

$$= \int_{0^-}^{0^+} f(t)e^{-st}dt + L_+[f(t)].$$

当$f(t)$在$t=0$处不包含脉冲函数，$t=0$不是无穷间断点，可以发现：

若$f(t)$在$t=0$附近有界，则$\int_{0^-}^{0^+} f(t)e^{-st}dt = 0$，有$L_+[f(t)] = L_-[f(t)]$;

若$f(t)$在$t=0$处包含脉冲函数，则$\int_{0^-}^{0^+} f(t)e^{-st}dt \neq 0$，有$L_+[f(t)] \neq L_-[F(t)]$.

为了考虑这一情况，我们需要把函数$f(t)$的定义区间从$t \geq 0$扩大为$t > 0$和$t=0$的任意一个邻域，这样拉普拉斯变换定义变为

$$L_-[f(t)] = \int_{0^-}^{+\infty} f(t)e^{-st}dt,$$

但为了书写方便，我们仍然把它写成式（8.1）的形式.

【例8.3】 求单位脉冲函数$\delta(t)$的拉普拉斯变换.

解 $L[\delta(t)] = \int_0^{+\infty} \delta(t)e^{-st}dt = \int_{0^-}^{+\infty} \delta(t)e^{-st}dt = \int_{-\infty}^{+\infty} \delta(t)e^{-st}dt = 1.$

在今后的实际工作中，我们并不要求用广义积分的方法求函数的拉普拉斯变换，现在有现成的拉普拉斯变换表可以查.

8.2 拉普拉斯变换的性质

为了叙述方便，假定这些性质中，凡是要求拉普拉斯变换的函数都满足拉普拉斯存在定理的条件，并且把这些函数的增长指数统一地取为c.

8.2.1 线性性质

$$L[\alpha f_1(t) + \beta f_2(t)] = \alpha L[f_1(t)] + \beta L[f_2(t)] \quad (\alpha, \beta \text{ 为常数}).$$

该性质说明函数的线性组合的拉普拉斯变换等于各函数拉普拉斯变换的线性组合，此性质又称为叠加性.

同理，逆变换具有类似的线性性质，即

$$L^{-1}[\alpha F_1(s) + \beta F_2(s)] = \alpha L^{-1}[F_1(s)] + \beta L^{-1}[F_2(s)].$$

8.2.2　平移性质

设 $L[f(t)] = F(s)$，则

$$F[e^{at}f(t)] = F(s-a).$$

这个性质表示一个像原函数 $f(t)$ 乘以指数函数 e^{at} 的拉普拉斯变换等于其像函数作位移 a.

8.2.3　微分性质

设 $L[f(t)] = F(s)$，则有

$$F[f'(t)] = sF(s) - f(0).$$

这个性质表明，一个函数求导后取拉普拉斯变换等于这个函数的拉普拉斯变换乘以参数 s，再减去函数的初值.

推论　设 $L[f(t)] = F(s)$，则

$$F[f^{(n)}(t)] = s^n F(s) - s^{n-1}f(0) - s^{n-2}f'(0) - \cdots - f^{(n-1)}(0).$$

特别地，当初值 $f(0) = f'(0) = \cdots = f^{(n-1)}(0) = 0$ 时，有 $F[f^{(n)}(t)] = s^n F(s)$.

此性质使我们有可能将 $f(t)$ 的微分方程转化为 $F(s)$ 的代数方程，因此，它对分析线性系统有着重要的作用.

此外，还可以根据拉普拉斯存在定理得到像函数的微分性质：

$$F'(s) = L[-tf(t)].$$

更一般地，有

$$F^{(n)}(s) = L[(-t)^n f(t)].$$

8.2.4　积分性质

设 $L[f(t)] = F(s)$，则有

$$F\left[\int_0^t f(\tau)\,d\tau\right] = \frac{1}{s}F(s).$$

这个性质表明一个函数积分后再取拉普拉斯变换等于这个函数的拉普拉斯变换除以复参数 s.

此外，还可以根据拉普拉斯存在定理得到像函数的积分性质：

$$L\left[\frac{f(t)}{t}\right] = \int_s^\infty F(s)\,ds \quad 或 \quad f(t) = tL^{-1}\left[\int_s^\infty F(s)\,ds\right].$$

更一般地，有

$$L\left[\frac{f(t)}{t^n}\right] = \underbrace{\int_s^\infty ds \int_s^\infty ds \cdots \int_s^\infty}_{n次} F(s)\,ds.$$

8.2.5　延迟性质

设 $L[f(t)] = F(s)$，则对于任一非负实数 τ，有

$$L[f(t-\tau)u(t-\tau)] = e^{-s\tau}F(s),$$

或

$$L^{-1}[e^{-s\tau}F(s)] = f(t-\tau)u(t-\tau).$$

这个性质在工程技术中也称为时移性，它表示时间函数延迟 τ 的拉普拉斯变换等于它的像函数乘以指数因子 $e^{-s\tau}$.

8.2.6 相似性质

设 $L[f(t)] = F(s)$，a 为正实数，则有

$$L[f(at)] = \frac{1}{a}F\left(\frac{s}{a}\right).$$

【例8.4】 利用微分性质求 $L[\sin kt]$.

解 令 $f(t) = \sin kt$，则

$$f(0) = 0, f'(t) = k\cos kt, f'(0) = k, f''(t) = -k^2\sin kt,$$

从而由微分性质得

$$L[-k^2\sin kt] = L[f''(t)] = s^2 F(s) - sf(0) - f'(0),$$

即

$$-k^2 L[\sin kt] = s^2 L[\sin kt] - k,$$

移项并化简，得

$$L[\sin kt] = \frac{k}{s^2 + k^2}.$$

【例8.5】 求 $L[e^{-at}\sin kt]$ 和 $L[te^{at}]$.

解 由平移性质及

$$L[t] = \frac{1}{s^2}, L[\sin kt] = \frac{k}{s^2 + k^2},$$

得 $L[te^{at}] = \frac{1}{(s-a)^2}$，$L[e^{-at}\sin kt] = \frac{k}{(s+a)^2 + k^2}$.

【例8.6】 求 $L[t\sin kt]$.

解 因为 $L[\sin kt] = \frac{k}{s^2 + k^2}$，根据像函数的微分性质，得

$$L[t\sin kt] = -\frac{\mathrm{d}}{\mathrm{d}s}\left[\frac{k}{s^2 + k^2}\right] = \frac{2ks}{(s^2 + k^2)^2}.$$

【例8.7】 求 $L[u(\omega t + \alpha)\sin(\omega t + \alpha)]$ （$\omega > 0$）.

解 因为 $u(\omega t + \alpha) = u\left[\omega\left(t + \frac{\alpha}{\omega}\right)\right] = u\left(t + \frac{\alpha}{\omega}\right)$，所以

$$L[u(\omega t + \alpha)\sin(\omega t + \alpha)] = L\left[\sin\left(t + \frac{\alpha}{\omega}\right)u\left(t + \frac{\alpha}{\omega}\right)\right]$$

$$= e^{\frac{\alpha}{\omega}s}L[\sin\omega t] = e^{\frac{\alpha}{\omega}s}\frac{\omega}{s^2 + \omega^2}.$$

8.3 拉普拉斯逆变换

前面我们讨论了由已知函数 $f(t)$ 求它的像函数 $F(s)$，但在实际问题应用中常会遇到与此相反的问题，即已知像函数 $F(s)$ 求它的像原函数 $f(t)$，下面来讨论该问题.

由前面的拉普拉斯变换的定义可知，函数 $f(t)$ 的拉普拉斯变换，实际上就是函数 $f(t)u(t)\mathrm{e}^{-\beta t}$ 的傅里叶变换，故当函数 $f(t)u(t)\mathrm{e}^{-\beta t}$ 满足傅里叶积分定理的条件时，由傅里叶积分公式，在 $f(t)$ 的连续点处，有

$$f(t)u(t)\mathrm{e}^{-\beta t} = \frac{1}{2\pi}\int_{-\infty}^{+\infty}\left[\int_{-\infty}^{+\infty}f(\tau)u(\tau)\mathrm{e}^{-\beta\tau}\mathrm{e}^{-\mathrm{i}\omega\tau}\mathrm{d}\tau\right]\mathrm{e}^{\mathrm{i}\omega t}\mathrm{d}\omega$$

$$= \frac{1}{2\pi}\int_{-\infty}^{+\infty}F(\beta+\mathrm{i}\omega)\mathrm{e}^{\mathrm{i}\omega t}\mathrm{d}\omega \quad (t>0),$$

等式两边同时乘以 $\mathrm{e}^{\beta t}$，并考虑它与积分变量 ω 无关，则

$$f(t) = \frac{1}{2\pi}\int_{-\infty}^{+\infty}F(\beta+\mathrm{i}\omega)\mathrm{e}^{(\beta+\mathrm{i}\omega)t}\mathrm{d}\omega \quad (t>0).$$

令 $\beta+\mathrm{i}\omega=s$，有

$$f(t) = \frac{1}{2\pi\mathrm{i}}\int_{\beta-\mathrm{i}\infty}^{\beta+\mathrm{i}\infty}F(s)\mathrm{e}^{st}\mathrm{d}s \quad (t>0).$$

这就是从像函数 $F(s)$ 求它的像原函数 $f(t)$ 的一般公式. 右端的积分称为拉普拉斯反演积分. 它与 $F(s)=\int_{0}^{+\infty}f(t)\mathrm{e}^{-st}\mathrm{d}t$ 称为一对互逆的积分变换公式，称 $f(t)$ 是 $F(s)$ 的拉普拉斯逆变换（或称为 $F(s)$ 的像原函数），记作

$$f(t)=L^{-1}[F(s)]. \tag{8.2}$$

拉普拉斯逆变换公式是一个复变函数的积分，计算较为困难. 但当 $F(s)$ 满足一定的条件时，可以用如下的留数方法来计算这个积分.

定理 8.2 若 s_1，s_2，$\cdots$，s_n 是函数 $F(s)$ 的所有奇点（适当选取 β 使这些奇点全在 $\mathrm{Re}(s)<\beta$ 的范围内），当且当 $s\to\infty$ 时，$F(s)\to 0$，则有

$$\frac{1}{2\pi\mathrm{i}}\int_{\beta-\mathrm{i}\infty}^{\beta+\mathrm{i}\infty}F(s)\mathrm{e}^{st}\mathrm{d}s = \sum_{k=1}^{n}\mathop{\mathrm{Res}}_{s=s_k}[F(s)\mathrm{e}^{st}],$$

即

$$f(t) = \sum_{k=1}^{n}\mathop{\mathrm{Res}}_{=s_k}[F(s)\mathrm{e}^{st}] \quad (t>0). \tag{8.3}$$

若函数 $F(s)$ 是有理分式函数，$F(s)=\dfrac{A(s)}{B(s)}$，其中 $A(s)$，$B(s)$ 是不可约的多项式，$B(s)$ 的次数是 n，而且 $A(s)$ 的次数小于 $B(s)$ 的次数. 在这种情况下它满足定理对所 $F(s)$ 要求的条件，因此式（8.3）成立. 下面分两种情况来讨论：

（1）若 $B(s)$ 有 n 个单零点 s_1，s_2，$\cdots$，s_n，即这些点都是 $F(s)=\dfrac{A(s)}{B(s)}$ 的单极

点，则由留数的计算方法，有

$$\operatorname*{Res}_{=s_k}\left[\frac{A(s)}{B(s)}\mathrm{e}^{st}\right]=\frac{A(s_k)}{B'(s_k)}\mathrm{e}^{s_kt},$$

从而根据式（8.3），有

$$f(t)=\sum_{k=1}^{n}\frac{A(s_k)}{B'(s_k)}\mathrm{e}^{s_kt}\quad(t>0).\qquad(8.4)$$

（2）若 s_1 是 $B(s)$ 的一个 m 阶零点，而其余 s_{m+1}，s_{m+2}，$\cdots$，s_n 是 $B(s)$ 的单零点，即 s_1 是 $\dfrac{A(s)}{B(s)}$ 的一个 m 阶极点，$s_i(i=m+1,m+2,\cdots n)$ 是它的单极点，由留数的计算方法，有

$$f(t)=\sum_{i=m+1}^{n}\frac{A(s_i)}{B'(s_i)}\mathrm{e}^{s_it}+\frac{1}{(m-1)!}\lim_{s\to s_1}\frac{\mathrm{d}^{m-1}}{\mathrm{d}s^{m-1}}\left[(s-s_1)^m\frac{A(s)}{B(s)}\mathrm{e}^{st}\right].\qquad(8.5)$$

如果 $B(s)$ 有几个多重零点，有关公式可类似推得.

上述两种情况的公式通常称为海维赛德展开式.

【例8.8】 求 $F(s)=\dfrac{1}{s^2+1}$ 的拉普拉斯逆变换.

解 这里 $B(s)=s^2+1$，它有两个单零点 $s_1=\mathrm{i}$，$s_2=-\mathrm{i}$，即 i 和 $-\mathrm{i}$ 是 $F(s)$ 的两个单极点，因此由式（8.5）得

$$f(t)=L^{-1}\left[\frac{1}{s^2+1}\right]=\frac{1}{2s}\mathrm{e}^{st}\bigg|_{s=\mathrm{i}}+\frac{1}{2s}\mathrm{e}^{st}\bigg|_{s=-\mathrm{i}}$$

$$=\frac{1}{2\mathrm{i}}(\mathrm{e}^{\mathrm{i}t}-\mathrm{e}^{-\mathrm{i}t})=\sin t\quad(t>0).$$

【例8.9】 求 $F(s)=\dfrac{1}{s(s+1)^2}$ 的拉普拉斯逆变换.

解 这里 $B(s)=s(s+1)^2$，$s=0$ 为单零点，$s=-1$ 为二阶零点，即 0 和 -1 是 $F(s)$ 的一阶极点和二阶极点，因此由式（8.5）得

$$f(t)=\frac{1}{3s^2+4s+1}\mathrm{e}^{st}\bigg|_{s=0}+\lim_{s\to-1}\frac{\mathrm{d}}{\mathrm{d}s}\left[(s+1)^2+\frac{1}{s(s+1)^2}\mathrm{e}^{st}\right]$$

$$=1+\lim_{s\to-1}\left(\frac{t}{s}-\frac{1}{s^2}\right)\mathrm{e}^{st}=1-\mathrm{e}^{-t}-t\mathrm{e}^{-t}\quad(t>0).$$

对于有理分式函数的像原函数除了以上的方法外，还可以像实有理分式的部分分式那样，把它分解为若干简单分式之和，然后逐个求出像原函数.

【例8.10】 求 $F(s)=\dfrac{s+9}{s^2+5s+6}$ 的拉普拉斯逆变换.

解 先将 $F(s)$ 分解为部分分式之和

$$\frac{s+9}{s^2+5s+6}=\frac{s+9}{(s+2)(s+3)}=\frac{A}{s+2}+\frac{B}{s+3},$$

用待定系数法求得　$A = 7$，$B = -6$，所以

$$\frac{s+9}{s^2+5s+6} = \frac{7}{s+2} + \frac{6}{s+3},$$

则有

$$f(t) = L^{-1}\left[\frac{s+9}{s^2+5s+6}\right] = 7L^{-1}\left[\frac{1}{s+2}\right] - 6L^{-1}\left[\frac{1}{s+3}\right] = 7\mathrm{e}^{-2t} - 6\mathrm{e}^{-3t}.$$

【例 8.11】　求 $F(s) = \dfrac{s+3}{s^3+4s^2+4s}$ 的拉普拉斯逆变换.

解　先将 $F(s)$ 分解为部分分式之和

$$\frac{s+9}{s^2+5s+6} = \frac{s+3}{(s+2)^2 s} = \frac{A}{s} + \frac{B}{s+2} + \frac{C}{(s+2)^2},$$

用待定系数法求得　$A = \dfrac{3}{4}$，$B = -\dfrac{3}{4}$，$C = -\dfrac{1}{2}$，所以

$$\frac{s+3}{s^3+4s^2+4s} = \frac{3/4}{s} - \frac{3/4}{s+2} - \frac{1/2}{(s+2)^2},$$

则有

$$f(t) = L^{-1}\left[\frac{s+3}{s^2+4s^2+4s}\right]$$

$$= \frac{3}{4}L^{-1}\left[\frac{1}{s}\right] - \frac{3}{4}L^{-1}\left[\frac{1}{s+2}\right] - \frac{1}{2}L^{-1}\left[\frac{1}{(s+2)^2}\right]$$

$$= \frac{3}{4} - \frac{3}{4}\mathrm{e}^{-2t} - \frac{1}{2}t\mathrm{e}^{-2t}.$$

【例 8.12】　求 $F(s) = \dfrac{s^2}{(s+2)(s^2+2s+2)}$ 的拉普拉斯逆变换.

解　先将 $F(s)$ 分解为部分分式之和

$$F(s) = \frac{s^2}{(s+2)(s^2+2s+2)} = \frac{A}{s+2} + \frac{Bs+C}{(s^2+2s+2)},$$

用待定系数法求得 $A = 2$，$B = -1$，$C = -2$，所以

$$F(s) = \frac{2}{s+2} - \frac{s+2}{s^2+2s+2} = \frac{2}{s+2} - \frac{s+1}{(s+1)^2+1} - \frac{1}{(s+1)^2+1},$$

则有

$$f(t) = L^{-1}\left[\frac{s^2}{(s+2)(s^2+2s+2)}\right]$$

$$= 2L^{-1}\left[\frac{1}{s+2}\right] - L^{-1}\left[\frac{s+1}{(s+1)^2+1}\right] - L^{-1}\left[\frac{1}{(s+1)^2+1}\right]$$

$$= 2\mathrm{e}^{-2t} - \mathrm{e}^{-t}(\cos t + \sin t).$$

对于有理分式函数求像原函数，究竟采取哪一种方法较为简便，这需要根据具体问题来决定，一般来说，当有理分式的分母 $B(s)$ 的次数较高或多项式较复杂时，

用部分分式法求像原函数会显得较麻烦.

8.4 卷积

本节我们介绍拉普拉斯变换的卷积概念,它不仅可以用来求出某些函数的拉普拉斯逆变换和一些函数的积分值,而且在线性系统的分析中也起着重要的作用.

8.4.1 卷积的概念

定义 8.3 已知函数 $f_1(t)$, $f_2(t)$,则积分 $\int_{-\infty}^{-\infty} f_1(\tau) f_2(t-\tau) \mathrm{d}\tau$ 为函数 $f_1(t)$ 与 $f_2(t)$ 的卷积,记作 $f_1(t) * f_2(t)$,即

$$f_1(t) * f_2(t) = \int_{-\infty}^{+\infty} f_1(\tau) f_2(t-\tau) \mathrm{d}\tau.$$

卷积满足下列运算规律:

(1) 交换律 $f_1(t) * f_2(t) = f_2(t) * f_1(t)$;

(2) 对加法的分配律 $f_1(t) * [f_2(t) + f_3(t)] = f_1(t) * f_2(t) + f_1(t) * f_3(t)$;

(3) 结合律 $f_1(t) * [f_2(t) * f_3(t)] = [f_1(t) * f_2(t)] * f_3(t)$;

(4) $|f_1(t) * f_2(t)| \leqslant |f_1(t)| * |f_2(t)|$.

在拉普拉斯变换中,当 $t < 0$ 时,$f_1(t) = f_2(t) = 0$,则有

$$f_1(t) * f_2(t) = \int_{-\infty}^{+\infty} f_1(\tau) f_2(t-\tau) \mathrm{d}\tau = \int_{0}^{+\infty} f_1(\tau) f_2(t-\tau) \mathrm{d}\tau$$

$$= \int_{0}^{t} f_1(\tau) f_2(t-\tau) \mathrm{d}t + \int_{t}^{+\infty} f_1(\tau) f_2(t-\tau) \mathrm{d}\tau.$$

在上式第二个积分中,由于 $\tau > t$,即 $t - \tau < 0$,所以 $f_2(t-\tau) = 0$,从而 $\int_{t}^{+\infty} f_1(\tau) f_2(t-\tau) \mathrm{d}\tau = 0$,于是有

$$f_1(t) * f_2(t) = \int_{0}^{t} f_1(\tau) f_2(t-\tau) \mathrm{d}\tau.$$

【例 8.13】 求函数 $f_1(t) = t$ 和 $f_2(t) = \mathrm{e}^t$ 的卷积 $t * \mathrm{e}^t$.

解 由定义,可得

$$t * \mathrm{e}^t = \int_{0}^{t} \tau \mathrm{e}^{t-\tau} \mathrm{d}\tau = -\tau \mathrm{e}^{t-\tau} \Big|_{0}^{t} + \int_{0}^{t} \mathrm{e}^{t-\tau} \mathrm{d}\tau$$

$$= -t - \mathrm{e}^{t-\tau} \Big|_{0}^{t} = -t - 1 + \mathrm{e}^t.$$

8.4.2 卷积定理

定理 8.3 设 $f_1(t)$, $f_2(t)$ 满足拉普拉斯变换存在定理的条件,且 $L[f_1(t)] = F_1(s)$,$L[f_2(t)] = F_2(s)$,则 $f_1(t) * f_2(t)$ 的拉普拉斯变换一定存在,且

$$L[f_1(t) * f_2(t)] = F_1(s) \cdot F_2(s),$$

或

$$L^{-1}[F_1(s) \cdot F_2(s)] = f_1(t) * f_2(t).$$

上述卷积定理可以推广到 n 个函数的情形，即若 $f_k(t)(k=1,2,\cdots,n)$ 满足拉普拉斯变换存在定理的条件，且 $L[f_k(t)]=F_k(s)(k=1,2,\cdots,n)$，则有

$$L[f_1(t)*f_2(t)*\cdots*f_n(t)]=F_1(s)\cdot F_2(s)\cdot\cdots\cdot F_n(s).$$

在拉普拉斯变换的应用中，卷积定理起着十分重要的作用．下面我们利用它来求一些函数的逆变换.

【例 8.14】　若 $F(s)=\dfrac{1}{s^2(1+s^2)}$，求 $f(t)$.

解　因为
$$F(s)=\frac{1}{s^2}\cdot\frac{1}{s^2+1},$$

取
$$F_1(s)=\frac{1}{s^2},\ F_2(s)=\frac{1}{s^2+1},$$

于是
$$f_1(t)=t,\ f_2(t)=\sin t.$$

根据卷积定理，得
$$f(t)=f_1(t)*f_2(t)=t*\sin t=t-\sin t.$$

8.5　拉普拉斯变换的应用

拉普拉斯变换在线性系统的分析和研究中起着重要的作用．线性系统在物理、力学以及工程等许多场合可以用线性常微分方程来研究描述．这类系统在电路原理和自动控制理论中都有着重要地位．下面介绍利用拉普拉斯变换求解线性常微分方程.

用拉普拉斯变换求解线性常微分方程大致可以包括以下三个基本步骤：

（1）对关于 y 的微分方程（连同初始条件一起）进行拉普拉斯变换，得到一个关于像函数 $Y(s)$ 的代数方程，常称为像方程；

（2）解像方程，得像函数 $Y(s)$；

（3）对 $Y(s)$ 做逆变换，可得微分方程的解 $y(t)$.

8.5.1　解常系数线性微分方程

1. 初值问题

【例 8.15】　求方程 $y''(t)+4y(t)=0$ 满足初始条件 $y(0)=-2$，$y'(0)=4$ 的特解.

解　设 $L[y(t)]=Y(s)$，对方程两边取拉普拉斯变换，得
$$s^2Y(s)-sy(0)-y'(0)+4Y(s)=0,$$

利用初始条件，可得像方程
$$s^2Y(s)-2s-4+4Y(s)=0,$$

解得
$$Y(s)=\frac{-2s+4}{s^2+4}=\frac{-2s}{s^2+4}+\frac{4}{s^2+4},$$

取拉普拉斯逆变换, 最后可得

$$y(t) = L^{-1}[Y(s)] = -2\cos 2t + 2\sin 2t.$$

这就是所求的微分方程的解.

【例 8.16】 求方程 $y''(t) + 2y'(t) - 3y(t) = e^{-t}$ 满足初始条件 $y(0) = -2$, $y'(0) = 1$ 的特解.

解 设 $L[y(t)] = Y(s)$, 对方程两边取拉普拉斯变换, 并考虑到初始条件, 可得像方程

$$s^2 Y(s) - 1 + 2sY(s) - 3Y(s) = \frac{1}{s+1},$$

解得

$$Y(s) = \frac{s+2}{(s+1)(s-1)(s+3)} = -\frac{1}{4}\frac{1}{s+1} + \frac{3}{8}\frac{1}{s-1} - \frac{1}{8}\frac{1}{s+3},$$

取拉普拉斯逆变换, 最后可得

$$y(t) = L^{-1}[Y(s)] = \frac{1}{8}(3e^t - 2e^{-t} - e^{-3t}).$$

这就是所求的微分方程的解.

从上面的例题可以看出, 运用拉普拉斯变换解常系数线性微分方程的初值问题, 具有下述优点:

(1) 求解过程规范化, 便于在工程技术中应用;

(2) 初始条件也同时用上, 因此省略了经典法中为使解适合于初始条件而进行的运算;

(3) 当初始条件全部为零时, 用拉普拉斯变换求解显得特别简单, 而经典方法却不会带来任何的简化;

(4) 由于已编有现成的拉普拉斯变换表, 因此在工程实际计算中对有些函数可以直接查表得出其像原函数, 更显出拉普拉斯变换法求解的优点.

2. 边值问题

拉普拉斯变换也可以求解线性微分方程的边值问题, 下面举一个例子来说明具体的做法.

【例 8.17】 求方程 $y'' - 2' + y = 0$ 满足初始条件 $y(0) = 0$, $y(1) = 2$ 的特解.

解 设 $L[y(t)] = Y(s)$, 对方程两边取拉普拉斯变换, 得

$$s^2 Y(s) - sy(0) - y'(0) - 2sY(s) + 2y(0) + Y(s) = 0,$$

于是 $Y(s) = \dfrac{y'(0)}{(s-1)^2}$, 取逆变换, 可得

$$y(t) = L^{-1}\left[\frac{y'(0)}{(s-1)^2}\right] = y'(0)te^t,$$

将 $t = 1$ 代入上式, 得 $2 = y(1) = y'(0)e$, 所以 $y'(0) = 2e^{-1}$, 从而原方程的解为

$$y(t) = 2te^{t-1}.$$

8.5.2　解常系数线性微分方程组

【例 8.18】　求方程组 $\begin{cases} x'' - 2y' - x = 0, \\ x' - y = 0 \end{cases}$ 满足初始条件 $x(0) = 0$，$x'(0) = 1$，$y(0) = 1$ 的特解.

解　设 $L[x(t)] = X(s)$，$L[y(t)] = Y(s)$，对方程组的两个方程两边取拉普拉斯变换，并考虑到初始条件，得

$$\begin{cases} s^2 X(s) - sx(0) - x'(0) + 2[sY(s) - y(0)] - X(s) = 0, \\ sX(s) - x(0) - Y(s) = 0, \end{cases}$$

化简得

$$\begin{cases} (s^2 - 1)X(s) - 2sY(s) + 1 = 0, \\ sX(s) - Y(s) = 0, \end{cases}$$

解这个代数方程组，即得

$$\begin{cases} X(s) = \dfrac{1}{s^2 + 1}, \\ Y(s) = \dfrac{s}{s^2 + 1}, \end{cases}$$

对每一个像函数取逆变换，可得

$$\begin{cases} x(t) = \sin t, \\ y(t) = \cos t. \end{cases}$$

这就是所求方程组的解.

8.5.3　解某些积分微分方程

【例 8.19】　求方程 $y' - 4y + 4\displaystyle\int_0^t y\,\mathrm{d}t = \dfrac{1}{3}t^3$ 满足初始条件 $y(0) = 0$ 的特解.

解　设 $L[y(t)] = Y(s)$，对方程的两边取拉普拉斯变换，并考虑到初始条件，得

$$sY(s) - 4Y(s) + \frac{4Y(s)}{s} = \frac{2}{s^4},$$

解得

$$Y(s) = \frac{2}{s^3(s-2)^2},$$

利用部分分式法将 $Y(s)$ 分解为

$$Y(s) = \frac{3}{8}\frac{1}{s} + \frac{1}{2}\frac{1}{s^2} + \frac{1}{2}\frac{1}{s^3} - \frac{3}{8}\frac{1}{s-2} + \frac{1}{4}\frac{1}{(s-2)^2},$$

取逆变换，可得原方程的解为

$$y(t) = \frac{3}{8} + \frac{1}{2}t + \frac{1}{4}t^2 - \frac{3}{8}e^{2t} + \frac{1}{4}te^{2t}.$$

8.6 习题 8

1. 求下列函数的拉普拉斯变换.

(1) $f(t) = \begin{cases} 3, & 0 \le t < 2, \\ -1, & 2 \le t < 4, \\ 0, & 4 \le t; \end{cases}$

(2) $f(t) = \begin{cases} 3, & t < \dfrac{\pi}{2}, \\ \cos t, & t > \dfrac{\pi}{2}; \end{cases}$

(3) $f(t) = \cos t \delta(t) - \sin t u(t)$;

(4) $f(t) = 1 - t e^t$;

(5) $f(t) = \dfrac{1}{2a} \sin at$;

(6) $f(t) = 5\sin 2t - \cos 2t$;

(7) $f(t) = e^{-4t} \cos 4t$;

(8) $f(t) = u(3t - 5)$;

(9) $f(t) = \sin^2 t$;

(10) $f(t) = \dfrac{e^{3t}}{\sqrt{t}}$.

2. 求下列函数的拉普拉斯变换.

(1) $f(t) = \sin \dfrac{t}{2}$;

(2) $f(t) = t^2$;

(3) $f(t) = \cos^2 t$;

(4) $f(t) = \sin^2 t$;

(5) $f(t) = \sin t \cos t$;

(6) $f(t) = e^{-2t}$;

(7) $f(t) = e^{2t} + 5\delta(t)$;

(8) $f(t) = \cos t \delta(t) - \sin t u(t)$.

3. 设 $f(t)$ 是以 2π 为周期的函数, $f(t) = \begin{cases} \sin t, & 0 < t \le \pi, \\ 0, & \pi < t < 2\pi \end{cases}$, 求 $L[f(t)]$.

4. 利用拉普拉斯变换的性质求下列函数的拉普拉斯变换.

(1) $f(t) = t^2 + 3t + 2$;

(2) $f(t) = 1 - t e^t$;

(3) $f(t) = t \cos at$;

(4) $f(t) = e^{-2t} \sin 6t$;

(5) $f(t) = 5\sin 2t - 3\cos 2t$;

(6) $f(t) = t^n e^{at}$;

(7) $f(t) = u(3t - 5)$;

(8) $f(t) = u(1 - e^{-t})$.

5. 求下列函数的拉普拉斯变换的逆变换.

(1) $F(s) = \dfrac{1}{s^2 + 1}$;

(2) $F(s) = \dfrac{1}{s^4}$;

(3) $F(s) = \dfrac{1}{(s+1)^4}$;

(4) $F(s) = \dfrac{1}{s+3}$;

(5) $F(s) = \dfrac{2s+3}{s^2+9}$;

(6) $F(s) = \dfrac{s+3}{(s+1)(s-3)}$;

(7) $F(s) = \dfrac{s+1}{s^2+s-6}$;

(8) $F(s) = \dfrac{2s+5}{s^2+4s+13}$;

(9) $F(s) = \dfrac{s^2+2s-1}{s(s-1)^2}$;

(10) $F(s) = \dfrac{s^2+2a^2}{(s^2+a^2)^2}$;

(11) $F(s) = \dfrac{1}{s^4 - a^4}$;

(12) $F(s) = \dfrac{s+c}{(s+a)(s+b)}$;

(13) $F(s) = \dfrac{s}{s+2}$;

(14) $F(s) = \dfrac{1}{s^4 + 5s^2 + 4}$;

(15) $F(s) = \ln \dfrac{s^2 - 1}{s^2}$;

(16) $F(s) = \dfrac{1}{(s^2 + 2s + 2)^2}$;

(17) $F(s) = \dfrac{10 - 3s}{s^2 + 4}$.

6. 求下列卷积

(1) $1 * 1$;

(2) $t * t$;

(3) $t * \mathrm{e}^t$;

(4) $\sin t * \cos t$;

(5) $\sin kt * \sin kt (k \neq 0)$;

(6) $u(t-a) * f(t) (a \geqslant 0)$;

(7) $\delta(t-a) * f(t) (a \geqslant 0)$.

7. 利用卷积定理，证明 $L^{-1}\left[\dfrac{s}{(s^2 + a^2)^2}\right] = \dfrac{t}{2a}\sin at$.

8. 利用卷积定理，证明 $L^{-1}\left[\dfrac{1}{\sqrt{s}(s-1)}\right] = \dfrac{2}{\sqrt{\pi}}\mathrm{e}^t \int_0^{\sqrt{t}} \mathrm{e}^{-\tau^2} \mathrm{d}t$，并求 $L^{-1}\left[\dfrac{1}{s\sqrt{s+1}}\right]$.

9. 求下列微分方程的解.

(1) $y'' + 4y' + 3y = \mathrm{e}^{-t}$, $y(0) = y'(0) = 1$;

(2) $y'' + 3y' + 2y = u(t-1)$, $y(0) = 0$, $y'(0) = 1$;

(3) $y'' - y = 4\sin t + 5\cos 2t$, $y(0) = -1, y'(0) = -2$;

(4) $y'' - 2y + 2y = 2\mathrm{e}^t \cos t$, $y(0) = y'(0) = 0$;

(5) $y''' + y' = \mathrm{e}^{2t}$, $y(0) = y'(0) = y''(0) = 0$;

(6) $y'' - 2y' + y = 0$, $y(0) = 0$, $y(1) = 2$;

(7) $y'' - y = 0$, $y(0) = 0$, $y(2\pi) = 1$;

(8) $y'' + y = 10\sin 2t$, $y(0) = 0$, $y\left(\dfrac{\pi}{2}\right) = 1$.

10. 已知 $f(t) = t\int_0^t \mathrm{e}^{-3t}\sin 2t \mathrm{d}t$，求 $F(s)$.

11. 求解下列微分方程组的解.

(1) $\begin{cases} x' + x - y = \mathrm{e}^t, \\ y' + 3x - 2y = 2\mathrm{e}^t, \end{cases}$ $x(0) = y(0) = 1$;

(2) $\begin{cases} x'' - x + y + z = 0, \\ x + y'' - y + z = 0, \\ x + y + z'' - z = 0, \end{cases}$ $x(0) = 1, y(0) = z(0) = x'(0) = y'(0) = z'(0) = 0$.

12. 求解积分方程 $f(t) = at + \int_0^t \sin(t - \tau) f(\tau) \mathrm{d}\tau$.

部分习题答案

第1章 复数与复变函数

1. （1）$\operatorname{Re}(z) = \dfrac{3}{2}$，$\operatorname{Im}(z) = -\dfrac{5}{2}$，$\bar{z} = \dfrac{3}{2} + \dfrac{5}{2}\mathrm{i}$，$|z| = \dfrac{\sqrt{34}}{2}$，$\operatorname{Arg}z = -\arctan\dfrac{5}{3} + 2k\pi(k \in \mathbf{Z})$；

（2）$\operatorname{Re}(z) = \dfrac{1}{2}$，$\operatorname{Im}(z) = -\dfrac{\sqrt{3}}{2}$，$\bar{z} = \dfrac{1}{2} + \dfrac{\sqrt{3}}{2}\mathrm{i}$，$|z| = 1$，$\operatorname{Arg}z = -\dfrac{\pi}{3} + 2k\pi(k \in \mathbf{Z})$；

（3）$\operatorname{Re}(z) = 1$，$\operatorname{Im}(z) = 5$，$\bar{z} = 1 - 5\mathrm{i}$，$|z| = \sqrt{26}$，$\operatorname{Arg}z = \arctan 5 + 2k\pi(k \in \mathbf{Z})$；

（4）$\operatorname{Re}(z) = 2(1 - \sqrt{3})$，$\operatorname{Im}(z) = 4 + \sqrt{3}$，$\bar{z} = 2(1 - \sqrt{3}) - (4 + \sqrt{3})\mathrm{i}$，$|z| = \sqrt{35}$，

$\operatorname{Arg}z = \pi - \arctan\dfrac{7 + 5\sqrt{3}}{4} + 2k\pi(k \in \mathbf{Z})$.

2. $z_1 z_2 = 2\mathrm{e}^{\frac{\pi}{12}\mathrm{i}}$，$\dfrac{z_1}{z_2} = \dfrac{1}{2}\mathrm{e}^{\frac{5\pi}{12}\mathrm{i}}$.

3. （1）$-16\sqrt{3} - 16\mathrm{i}$；（2）$\dfrac{\sqrt{3}}{2} \pm \dfrac{1}{2}\mathrm{i}$，$-\dfrac{\sqrt{3}}{2} \pm \dfrac{1}{2}\mathrm{i}$，$\pm\mathrm{i}$；（3）$-32\mathrm{i}$.

4. $\dfrac{a}{\sqrt{2}}(\pm 1 + \mathrm{i})$，$\dfrac{a}{\sqrt{2}}(\pm 1 - \mathrm{i})$.

5. （1）$y = x$；

（2）$\dfrac{x^2}{(a+b)^2} + \dfrac{y^2}{(a-b)^2} = 1$；

（3）$xy = 1$；

（4）$xy = 1(x > 0,\ y > 0)$.

6. （1）直线 $x = -3$；

（2）圆心为 $-2\mathrm{i}$、半径为 1 的圆周及其外部；

（3）直线 $y = 0$；

（4）$xy = 1(x > 0,\ y > 0)$；

（5）$y = x + 1(x > 0)$；

（6）不包含 x 轴的上半平面；

（7）直线 $x = \dfrac{5}{2}$ 及其左边的平面.

7. $0 < \arg w < \dfrac{\pi}{2}$，$|w| < 1$.

8. (1) $w = |z|$ 的定义域是整个复平面，且在复平面上处处连续；

   (2) 定义域是除 $z = -2 \pm i$ 外的复平面，在定义域上连续.

第 2 章　解析函数

1. (1) 在直线 $x = -\dfrac{1}{2}$ 上可导，但在复平面上处处不解析；

   (2) 在直线 $y = \pm x$ 上可导，但在复平面上处处不解析；

   (3) 在点 $z = 0$ 上可导，但在复平面上处处不解析；

   (4) 在点 $z = 0$ 上可导，但在复平面上处处不解析.

2. $f'(z) = (3x^2 - 3y^2) + \mathrm{i}6xy$.

3. $m = 1$，$n = l = -3$.

8. (1) ~ (5) 假.

9. (1) $-\mathrm{i}(z-1)^2$；　(2) $\mathrm{i}(z^2+1)$；　(3) $z\mathrm{e}^z$.

10. (1) $\ln 4 + \mathrm{i}\pi(2k+1)$；

   (2) i；

   (3) $-\mathrm{i}\ln(2 \pm \sqrt{3}) + 2k\pi$；

11. (1) 不正确；　(2) 正确；　(3) 正确；　(4) 正确.

12. (1) $\cos 1 \cdot \mathrm{ch}1 - \mathrm{i}\sin 1 \cdot \mathrm{sh}1$；

   (2) $\mathrm{e}^{-2k\pi}\left[\cos(\ln 3) + \mathrm{i}\sin(\ln 3)\right]$；

   (3) $\ln 5 + \mathrm{i}\left[(2k+1)\pi - \arctan\dfrac{4}{3}\right]$；

   (4) $\mathrm{e}^{-(\frac{\pi}{4}+2k\pi)}\left[\cos(\ln\sqrt{2}) + \mathrm{i}\sin(\ln\sqrt{2})\right]$.

第 3 章　复变函数的积分

1. (1) $-\dfrac{1}{3} + \dfrac{1}{3}\mathrm{i}$；　(2) $-\dfrac{1}{2} + \dfrac{5}{6}\mathrm{i}$；　(3) $-\dfrac{1}{2} - \dfrac{1}{6}\mathrm{i}$.

2. (1)、(2)、(3) 都是 $\dfrac{1}{3}(3+\mathrm{i})^3$.

4. (1) $4\pi\mathrm{i}$；　(2) $8\pi\mathrm{i}$.

5. (1) $2\mathrm{e}\pi^2\mathrm{i}$；　(2) $\dfrac{\pi}{a}\mathrm{i}$；　(3) $\dfrac{\pi}{\mathrm{e}}$；　(4) $-\pi\mathrm{i}\cos\mathrm{i}$；　(5) 0.

6. (1) $-\dfrac{1}{3}\mathrm{i}$；　(2) $\sin 1 - \cos 1$；　(3) $2\cosh 1$；　(4) 0.

8. （1）$\dfrac{\sqrt{2}}{2}\pi\mathrm{i}$;　　（2）$\dfrac{\sqrt{2}}{2}\pi\mathrm{i}$;　　（3）$\sqrt{2}\pi\mathrm{i}$.

10. $2\pi(-6+13)\mathrm{i}$.

第4章　级　　数

1. （1）收敛且极限为 -1;（2）收敛且极限为 0;（3）发散.

2. （1）收敛且绝对收敛;（2）发散;（3）收敛且绝对收敛.

3. （1）$R=1$;　　（2）$R=\dfrac{1}{\sqrt{2}}$;　　（3）$R=+\infty$;　　（4）$R=1$;　　（5）$R=1$.

4. （1）$\displaystyle\sum_{n=0}^{\infty}(-1)^{n}\dfrac{(z-1)^{n+1}}{2^{n-1}},\ |z-1|<2$;

（2）$\mathrm{e}^{2}\displaystyle\sum_{n=0}^{\infty}\dfrac{(z-1)^{n}}{n!},\ |z-1|<+\infty$;

（3）$-\displaystyle\sum_{n=0}^{\infty}\dfrac{(z-1)^{n}}{2^{n+1}}+\sum_{n=0}^{\infty}(z-1)^{n},\ |z-1|<1$;

（4）$\displaystyle\sum_{n=0}^{\infty}(-1)^{n+1}\dfrac{2^{2n-1}}{(2n)!}z^{2n},\ |z|<+\infty$;

（5）$\displaystyle\sum_{n=0}^{\infty}\dfrac{z^{2n+1}}{(2n+1)\cdot n!},\ |z|<+\infty$;

（6）$\displaystyle\sum_{n=1}^{\infty}(-1)^{n-1}(1-2n)z^{n-1},\ |z|<1$.

6. （1）$\dfrac{1}{5}\displaystyle\sum_{n=0}^{\infty}(-1)^{n}\dfrac{2^{n}}{z^{n+1}}-\dfrac{4}{5}\sum_{n=0}^{\infty}\left(-\dfrac{1}{3}\right)^{n+1}z^{n}$;　　（2）$\displaystyle\sum_{n=0}^{\infty}\dfrac{(-1)^{n-1}n}{(z-1)^{n}}$;

（3）$-\cos1\cdot\displaystyle\sum_{n=0}^{\infty}\dfrac{(-1)^{n}}{(2n+1)!(z+1)^{2n+1}}+\sin1\cdot\sum_{n=0}^{\infty}\dfrac{(-1)^{n}}{(2n)!(z+1)^{2n}}$;

（4）$\displaystyle\sum_{n=0}^{\infty}(-1)^{n}z^{2n-1}$, $\displaystyle\sum_{n=0}^{\infty}(-\mathrm{i})^{n}\dfrac{1}{(z-\mathrm{i})^{n+1}}+\sum_{n=0}^{\infty}\mathrm{i}^{n}\dfrac{(z-\mathrm{i})^{n-1}}{2^{n+1}}$;

（5）$-\displaystyle\sum_{n=0}^{\infty}\dfrac{(z+2)^{n-3}}{2^{n+1}}$

第5章　留数及其应用

1. （1）$z=0$，一阶极点，$z=\pm\mathrm{i}$，二阶极点;　　　（2）$z=0$，三阶极点;

（3）$z=1$，2，1 阶极点;　　　　　　　　　　（4）$z=0$，本性奇点;

（5）$z=0$，本性奇点;　　　　　　　　　　　　（6）$z=0$，可去奇点;

（7）$z=1$，二阶极点;　　　　　　　　　　　　（8）$z=0$，二阶极点.

*2. （1）本性奇点； （2）可去奇点； （3）可去奇点.

3. （1）$\text{Res}[f(z), 0] = 0$；（2）$\text{Res}[f(z), 1] = 0$；（3）$\text{Res}[f(z), 0] = -\dfrac{1}{7!}$；

（4）$\text{Res}[f(z), 0] = \dfrac{1}{4!}$；（5）$\text{Res}[f(z), 1] = \dfrac{13}{6}$；（6）$\text{Res}[f(z), 0] = 1$.

4. （1）0；（2）0；（3）$4\pi e^2 i$；（4）$\dfrac{2\pi i}{21}$.

*5. （1）-1； （2）-1； （3）$-\text{sh}1$； （4）0.

6. （1）$\dfrac{8}{3}\pi$； （2）$\dfrac{\pi}{2}$；（3）$\dfrac{\pi}{4}$；（4）$\dfrac{\pi}{2}(1 - e^{-1})$.

第6章 保角映射

1. 旋转角为 $\dfrac{\pi}{4}$，伸缩率为 $2\sqrt{2}$.

2. $0 < \arg w < 2\pi$.

3. 旋转角为 $\dfrac{\pi}{4}$，伸缩率为 $2\sqrt{2}$.

4. （1）$\text{Im}(w) > 1$；（2）$\text{Im}(w) > \text{Re}(w)$；（3）$\left| w - \dfrac{1}{2} \right| < \dfrac{1}{2}$，$\text{Im}(w) < 0$；

（4）$\text{Re}(w) \leqslant \dfrac{1}{2}$.

5. $ad - bc < 0$.

6. （1）$w = -\dfrac{2i(z+1)}{4z - (1+5i)}$；（2）$w = \dfrac{(1+i)z + (1+3i)}{(1+i)z + (3+i)}$.

7. $w = e^{i\theta} \cdot \dfrac{-iz - a}{-iz - \bar{a}}$.

8. $w = 1 + e^{i\theta} \cdot \dfrac{z - a}{1 - \bar{a}z}$，$|a| < 1$.

9. （1）$w = \dfrac{z - i}{z + i}$；（2）$w = i\dfrac{z - 2i}{z + 2i}$；（3）$w = -i\dfrac{z - i}{z + i}$.

10. （1）$w = \dfrac{2iz + 1}{2 + iz}$；（2）$w = -iz$；（3）$w = \dfrac{i(2z - 1)}{2 - z}$.

11. $w = \dfrac{z^2 - i}{z^2 + i}$.

12. $w = \left(\dfrac{z + 1}{z - 1} \right)^2$.

13. $w = e^{2\pi i\left(\frac{z}{z-2} \right)}$.

第 7 章　傅里叶变换

1. 证明：$f(t) = \dfrac{1}{2\pi} \displaystyle\int_{-\infty}^{+\infty} \left[\int_{-\infty}^{+\infty} f(\tau) e^{-i\omega\tau} d\tau \right] e^{i\omega t} d\omega$

$\qquad\qquad = \dfrac{1}{2\pi} \displaystyle\int_{-\infty}^{+\infty} \left[\int_{-\infty}^{+\infty} f(\tau) e^{-i\omega(\tau - t)} d\tau \right] d\omega$

$\qquad\qquad = \dfrac{1}{2\pi} \displaystyle\int_{-\infty}^{+\infty} \left[\int_{-\infty}^{+\infty} f(\tau) \cos\omega(t - \tau) d\tau + i\int_{-\infty}^{+\infty} f(\tau) \sin\omega(t - \tau) d\tau \right] d\omega,$

因为积分 $\displaystyle\int_{-\infty}^{+\infty} f(\tau)\sin\omega(t - \tau)d\tau$ 和 $\displaystyle\int_{-\infty}^{+\infty} f(\tau)\cos\omega(t - \tau)d\tau$ 和分别是 ω 的奇函数和偶函数，所以有

$$\text{上式} = \dfrac{1}{2\pi} \int_{-\infty}^{+\infty} \left[\int_{-\infty}^{+\infty} f(\tau)\cos\omega(t - \tau)d\tau \right] d\omega$$

$$= \dfrac{1}{\pi} \int_0^{+\infty} d\omega \int_{-\infty}^{+\infty} f(\tau)\cos\omega(t - \tau)d\tau.$$

2. 证明：利用三角函数的和差公式，傅里叶积分公式的三角形式可以表示为

$$f(t) = \dfrac{1}{\pi} \int_0^{+\infty} \left[\int_{-\infty}^{+\infty} f(\tau)(\cos\omega t\cos\omega\tau + \sin\omega t\sin\omega\tau)d\tau \right] d\omega.$$

（1）当 $f(t)$ 为奇函数时，则 $f(\tau)\cos\omega t$ 和 $f(\tau)\sin\omega\tau$ 分别是关于 τ 的奇函数和偶函数，因此有 $f(t) = \displaystyle\int_0^{+\infty} b(\omega)\sin\omega t\,d\omega$，其中 $b(\omega) = \dfrac{2}{\pi} \displaystyle\int_{-\infty}^{+\infty} f(\tau)\sin\omega\tau\,d\tau$；

（2）当 $f(t)$ 为偶函数时，则 $f(\tau)\cos\omega\tau$ 和 $f(\tau)\sin\omega\tau$ 分别是关于 τ 的偶函数和奇函数，因此有 $f(t) = \displaystyle\int_0^{+\infty} a(\omega)\cos\omega t\,d\omega$，其中 $a(\omega) = \dfrac{2}{\pi} \displaystyle\int_{-\infty}^{+\infty} f(\tau)\cos\omega\tau\,d\tau$.

3. （1）$F(\omega) = \dfrac{2\beta}{\beta^2 + \omega^2}$；（2）$F(\omega) = \dfrac{\omega^2 + 4}{\omega^4 + 4}$；　　（3）$F(\omega) = \dfrac{-2i\sin\omega\pi}{1 - \omega^2}$；

　　（4）$-\dfrac{2A\omega}{\omega_0^2 - \omega^2}\sin\omega T$；（5）$\dfrac{\sin\omega T}{\omega} + \dfrac{T^2\omega\sin\omega T}{\pi^2 - T^2\omega}$；（6）$-\dfrac{2(1 + i\omega)}{(1 + i\omega)^2 + 1}\sin\omega T$；

　　（7）$\begin{cases} -\pi, & |\omega| < \dfrac{a}{2\pi}. \\ 0, & \text{其他} \end{cases}$

4. $f(t) = \begin{cases} \dfrac{1}{2}\left[u(1 + t) + u(1 - t) - 1 \right], & |t| \neq 1. \\ \dfrac{1}{4}, & |t| = 1 \end{cases}$.

5. $F(\omega) = \dfrac{\pi}{2}i\left[\delta(\omega + 2) - \delta(\omega - 2) \right]$.

6. $\dfrac{\sqrt{3}}{2}\pi\left[\delta(\omega + 5) + \delta(\omega - 5) \right] + \dfrac{i\pi}{2}\left[\delta(\omega + 5) + \delta(\omega - 5) \right]$.

7. $F(\omega) = \cos\omega a + \cos\dfrac{\omega a}{2}.$

8. (1) $f(t) = \dfrac{4}{\pi}\displaystyle\int_0^\infty \dfrac{\sin\omega - \omega\cos\omega}{\omega^2}\cos\omega t\,\mathrm{d}\omega;$

   (2) $f(t) = \dfrac{2}{\pi}\displaystyle\int_0^\infty \dfrac{(5-\omega)^2\cos\omega t + 2\omega\sin\omega t}{25 - 6\omega^2 + \omega^4}\,\mathrm{d}\omega;$

   (3) $f(t) = \dfrac{2}{\pi}\displaystyle\int_0^\infty \dfrac{1-\cos\omega}{\omega}\sin\omega t\,\mathrm{d}\omega.$

9. (1) $\mathrm{i}\dfrac{\mathrm{d}}{\mathrm{d}\omega}\left[\dfrac{1}{|a|}F\left(\dfrac{\omega}{a}\right)\mathrm{e}^{-\mathrm{i}\frac{b}{a}\omega}\right];$ (2) $\mathrm{i}\omega\left[\dfrac{1}{|a|}F\left(\dfrac{\omega}{a}\right)\mathrm{e}^{-\mathrm{i}\frac{b}{a}\omega}\right];$

   (3) $\mathrm{i}\dfrac{a}{|a|}\mathrm{e}^{-\mathrm{i}\frac{b}{a}\omega}\dfrac{\mathrm{d}}{\mathrm{d}\omega}\left[F\left(\dfrac{\omega}{a}\right)\mathrm{e}^{-\mathrm{i}\frac{b}{a}\omega}\right] - b\dfrac{1}{|a|}F\left(\dfrac{\omega}{a}\right)\mathrm{e}^{-\mathrm{i}\frac{b}{a}\omega};$

   (4) $\dfrac{1}{2\mathrm{i}\omega}F\left(\dfrac{\omega}{2}\right)\mathrm{e}^{-\mathrm{i}\omega};$ (5) $\dfrac{1}{2}F(\omega+\omega_0)\mathrm{e}^{-\mathrm{i}\omega_0 b} + \dfrac{1}{2}F(\omega-\omega_0)\mathrm{e}^{-\mathrm{i}\omega_0 b}.$

10. $F(\omega) = \dfrac{1}{2\mathrm{i}}\sqrt{\pi}\,\omega\mathrm{e}^{-\frac{\omega^2}{4}}.$

第8章　拉普拉斯变换

1. (1) $F(s) = \dfrac{1}{s}(3 - 4\mathrm{e}^{-2s} + \mathrm{e}^{-4s});$ (2) $F(s) = \dfrac{3}{s}\left(1 - \mathrm{e}^{-\frac{\pi s}{2}}\right) - \dfrac{1}{s^2+1}\mathrm{e}^{-\frac{\pi s}{2}};$

   (3) $F(s) = \dfrac{s^2}{s^2+1};$ (4) $F(s) = \dfrac{1}{s} - \dfrac{1}{(s-1)^2};$ (5) $F(s) = \dfrac{s}{(s^2+a^2)^2};$

   (6) $F(s) = \dfrac{10-3s}{s^2+4};$ (7) $F(s) = \dfrac{s+4}{(s+4)^2+16};$ (8) $F(s) = \dfrac{1}{s}\mathrm{e}^{-\frac{5}{3}s};$

   (9) $F(s) = \dfrac{2}{s(s^2+4)};$ (10) $F(s) = \sqrt{\dfrac{\pi}{s-3}}.$

2. (1) $F(s) = \dfrac{2}{4s^2+1};$ (2) $F(s) = \dfrac{2}{s^3};$ (3) $F(s) = \dfrac{s^2+2}{s(s^2+4)};$

   (4) $F(s) = \dfrac{2}{s(s^2+4)};$ (5) $F(s) = \dfrac{1}{s^2+4};$ (6) $F(s) = \dfrac{1}{s+2};$

   (7) $F(s) = \dfrac{1}{s-2} + 5;$ (8) $F(s) = \dfrac{s^2}{s^2+1}.$

3. $L[f(t)] = \dfrac{1}{(1-\mathrm{e}^{-\pi s})(s^2+1)}.$

4. (1) $F(s) = \dfrac{2}{s^3}(2s^2+3s+2);$ (2) $F(s) = \dfrac{1}{s} - \dfrac{1}{(s-1)^2};$

   (3) $F(s) = \dfrac{s^2-a^2}{(s^2+a^2)^2};$ (4) $F(s) = \dfrac{6}{(s+2)^2+36};$

(5) $F(s) = \dfrac{10-3s}{s^2+4}$; (6) $F(s) = \dfrac{n!}{(s-a)^{n+1}}$($n$ 为正整数);

(7) $F = \dfrac{1}{s}\mathrm{e}^{-\frac{5}{3}s}$; (8) $F(s) = \dfrac{1}{s}$.

5. (1) $f(t) = \dfrac{1}{2}\sin 2t$; (2) $f(t) = \dfrac{1}{6}t^3$; (3) $f(t) = \dfrac{1}{6}t^3\mathrm{e}^{-t}$; (4) $f(t) = \mathrm{e}^{-3t}$;

(5) $f(t) = 2\cos 3t + \sin 3t$; (6) $f(t) = -\dfrac{1}{2}\mathrm{e}^{-t} + \dfrac{3}{2}\mathrm{e}^{3t}$;

(7) $f(t) = \dfrac{1}{5}(3\mathrm{e}^{2t} + 2\mathrm{e}^{-3t})$;

(8) $f(t) = 2\mathrm{e}^{-3t}\cos 3t + \dfrac{1}{3}\mathrm{e}^{-2t}\sin 3t$; (9) $f(t) = 2t\mathrm{e}^t + 2\mathrm{e}^t - 1$;

(10) $f(t) = \dfrac{3}{2a}\sin at - \dfrac{1}{2}t\cos at$; (11) $f(t) = \dfrac{1}{2a^3}(\sin at - \cos at)$;

(12) $f(t) = \dfrac{c-a}{(b-a)^2}\mathrm{e}^{at} + \left[\dfrac{c-b}{a-b}t + \dfrac{a-c}{(a-b)^2}\right]\mathrm{e}^{-bt}$;

(13) $f(t) = \delta(t) - 2\mathrm{e}^{-2t}$;

(14) $f(t) = \dfrac{1}{3}\sin t - \dfrac{1}{6}\sin 2t$; (15) $f(t) = \dfrac{2 - \mathrm{e}^t - \mathrm{e}^{-t}}{t}$;

(16) $f(t) = \dfrac{1}{2}\mathrm{e}^{-t}(\sin t - t\cos t)$;

(17) $f(t) = 5\sin 2t - \cos 2t$.

6. (1) t; (2) $\dfrac{1}{6}t^3$; (3) $\mathrm{e}^t - t - 1$; (4) $\dfrac{1}{2}t\sin t$; (5) $\dfrac{1}{2k}\sin kt - \dfrac{t}{2}\cos kt$;

(6) $\begin{cases} 0, & t < a, \\ \int_a^t f(t-\tau)\mathrm{d}\tau, & 0 \leqslant a \leqslant t; \end{cases}$ (7) $\begin{cases} 0, & t < a, \\ f(t-a), & 0 \leqslant a \leqslant t. \end{cases}$

8. 证明略，$L^{-1} = \left[\dfrac{1}{s\sqrt{s+1}}\right] = \dfrac{2}{\sqrt{\pi}}\int_0^{\sqrt{t}}\mathrm{e}^{-\tau^2}\mathrm{d}\tau$.

9. (1) $y(t) = \dfrac{1}{4}\left[(7+2t)\mathrm{e}^{-t} - 3\mathrm{e}^{-3t}\right]$;

(2) $y(t) = \mathrm{e}^{-t} - \mathrm{e}^{-2t} + \left[-\mathrm{e}^{-(t-1)} + \dfrac{1}{2}\mathrm{e}^{-2(t-1)} + \dfrac{1}{2}\right]u(t-1)$;

(3) $y(t) = -2\sin t - \cos 2t$;

(4) $y(t) = t\mathrm{e}^t\sin t$;

(5) $y(t) = -\dfrac{1}{2} + \dfrac{1}{10}\mathrm{e}^{2t} - \dfrac{1}{5}\sin t$;

(6) $y(t) = 2t\mathrm{e}^{t-1}$;

（7）$y(t) = \dfrac{\sinh t}{\sinh 2\pi}$;

（8）$y(t) = \sin t - \dfrac{10}{3}\sin 2t$.

10. $F(s) = \dfrac{2(3s^2 + 12s + 13)}{s^2\left[(s+3)^2 + 4\right]^2}$.

11. （1）$\begin{cases} x(t) = \mathrm{e}^t, \\ y(t) = \mathrm{e}^t; \end{cases}$

（2）$\begin{cases} x(t) = \dfrac{2}{3}\cosh(\sqrt{2}t) + \dfrac{1}{3}\cos t, \\ y(t) = z(t) = -\dfrac{1}{3}\cosh(\sqrt{2}t) + \dfrac{1}{3}\cos t. \end{cases}$

12. $f(t) = a\left(t + \dfrac{t^3}{6}\right)$.

参 考 文 献

［1］华中科技大学数学系．复变函数与积分变换［M］．2 版．北京：高等教育出版社，2003．

［2］高宗升，腾岩梅．复变函数与积分变换［M］．北京：北京航空航天大学出版社，2006．

［3］盖云英，包革军．复变函数与积分变换［M］．2 版．北京：科学出版社，2006．

［4］余家荣．复变函数［M］．3 版．北京：高等教育出版社，2000．

［5］苏变萍，陈东立．复变函数与积分变换［M］．北京：高等教育出版社，2003．

［6］SAFF E B，SNIDER A D．复分析基础及工程应用［M］．高宗升，等译．3 版．北京：机械工
业出版社，2007．

［7］钟玉泉．复变函数论［M］．北京：人民教育出版社，1981．

［8］南京工学院数学教研组．积分变换［M］．北京：高等教育出版社，1981．

［9］闻国春，殷尉平．复变函数的应用［M］．北京：首都师范大学出版社，1996．

［10］马库雪维奇 A N．解析函数论简明教程［M］．阎昌龄，吴望一，译．3 版．北京：高等教育
出版社，1992．

［11］布拉斯维尔．傅里叶变换及其应用［M］．杨燕昌，等译．北京：人民邮电出版社，1986．

［12］王沫然．Matlab6.0 与科学计算［M］．北京：电子工业出版社，2001．

［13］薛定宇，陈阳泉．高等应用数学问题的 MATLAB 求解［M］．北京：清华大学出版
社，2004．